Ahmed Nejjar

La mise en place d'un système de récupération d'énergie

Imane Elziani
Ahmed Nejjar

La mise en place d'un système de récupération d'énergie

Éditions universitaires européennes

Impressum / Mentions légales

Bibliografische Information der Deutschen Nationalbibliothek: Die Deutsche Nationalbibliothek verzeichnet diese Publikation in der Deutschen Nationalbibliografie; detaillierte bibliografische Daten sind im Internet über http://dnb.d-nb.de abrufbar.

Information bibliographique publiée par la Deutsche Nationalbibliothek: La Deutsche Nationalbibliothek inscrit cette publication à la Deutsche Nationalbibliografie; des données bibliographiques détaillées sont disponibles sur internet à l'adresse http://dnb.d-nb.de.

Coverbild / Photo de couverture: www.ingimage.com

Verlag / Editeur:
Éditions universitaires européennes
ist ein Imprint der / est une marque déposée de
OmniScriptum GmbH & Co. KG
Heinrich-Böcking-Str. 6-8, 66121 Saarbrücken, Deutschland / Allemagne
Email: info@editions-ue.com

Herstellung: siehe letzte Seite /
Impression: voir la dernière page
ISBN: 978-3-8417-9039-2

UNIVERSITE MOHAMMED V AGDAL

ECOLE MOHAMMADIA D'INGENIEURS

Filière: Génie Des Procédés Industriels

MEMOIRE DE FIN D'ETUDES
Présenté en vue d'obtention du titre :
INGENIEUR D'ETAT

La mise en place d'un système de récupération d'énergie à partir des cheminées

Réalisé par:

Imane EL ZIANI

Ahmed NEJJAR

Dirigé par :

Mr. TOUZANI (EMI)

Mr.CHAREF (SOMACA)

Année universitaire: 2011-2012

Dédicaces

A nos chers parents pour leur amour, leurs sacrifices et leur affection;

A nos chères sœurs pour leur encouragement continu ;

A toute notre grande famille ;

A tous nos amis pour leur soutien ;

A tous ceux qui nous sont chers ;

Qu'ils trouvent ici l'expression de notre amour et gratitude.

REMERCIEMENTS

En préambule à ce mémoire, nous souhaitons adresser nos sincères remerciements à toutes les personnes qui nous ont apporté leur soutien et leur aide et qui ont contribué à l'élaboration de ce mémoire.

Nous tenons à remercier spécialement :

Notre parrain professeur A.TOUZANI pour l'attention particulière qu'il nous a accordée à ce mémoire, pour ses directives précieuses et ses critiques constructives, tout au long du processus de réalisation de ce travail.

Mr. MADA et Mr. SOUISSI nos rapporteurs, d'avoir accepté d'évaluer ce travail et d'être membre du Jury.

M. amine CHAREF, Responsable énergie du Département Maintenance Centrale-SOMACA, pour avoir accepté de nous encadrer et de nous accompagner tout au long de la période nécessaire pour l'aboutissement de ce travail, et à qui nous exprimons notre profonde gratitude.

M. Amine TRIBAK, Responsable des étuves au DIVD-SOMACA, pour nous avoir aimablement permis d'accéder à la mine de renseignements sur le système des étuves et des CTA les procédures métiers, et ce, dans un climat de franche collaboration.

M. SEKKINE, Responsable Centrale Thermique SOMACA, de nous avoir accompagné lors de nos missions sur le terrain, d'avoir consacré son temps et d'avoir toujours été la quand nous avions besoin d'aide.

RESUMÉ

Le présent travail s'inscrit dans le cadre de la mise en place d'un système de récupération d'énergie, dissipée à travers des cheminées afin de réduire la consommation de combustible utilisé dans les bruleurs des centrales de traitement de l'air CTA de l'atelier peinture – laque – à SOMACA.

Dans la première partie, l'objectif était de déterminer l'énergie nécessaire pour chauffer l'air entrant aux CTA et l'énergie disponible qu'on peut soutirer des cheminées. Les bilans thermiques effectués sur les CTA et les cheminées révèlent que l'énergie disponible peut répondre à une partie du besoin des centrales de traitement de l'air en énergie.

Dans la deuxième partie, l'objectif était de dimensionner les différents éléments constituant le système de récupération d'énergie : l'échangeur de chaleur, le ventilateur et les gaines.

Après avoir effectué le dimensionnement des équipements inhérents à la mise en place du système proposé, le projet a été complété par une étude de sa faisabilité économique visant à orienter le choix de l'investissement.

ABSTRACT

The presented work is part of the Establishment of an Energy Recovery System; this system reduces the consumption of fuel in the burners of the central air treatment CTA in the painting workshop - lacquer - in SOMACA.

In the first part, the objective was to determine the energy required to heat the air entering the CTA and the available energy that we can extract from the stacks. The heat balances performed on the central air treatment and the stacks show that the available energy can meet the requirement of central air treatment energy.

In the second part, the goal was to size the various elements constituting the energy recovery system: the heat exchangers, fans and ducts

After making equipment sizing inherent in the implementation of the proposed system, the project was completed by an economic feasibility study to guide the choice of investment.

SOMMAIRE

ANNEXES

LISTE DES FIGURES

LISTE DES TABLEAUX

Introduction générale

L'énergie est devenue une préoccupation majeure des entreprises dans le cadre de stratégies économiques à court terme. Le contexte actuel se traduit par un pic de production d'énergie pétrolière (peak-oil) conduisant à des tensions sur le contrôle des ressources fossiles. Les contraintes sur les émissions de CO_2 ne peuvent que se renforcer. Le contexte énergétique global imposera durablement aux grands industriels ainsi qu'aux PME-PMI la poursuite des efforts en matière d'efficacité énergétique, auxquels l'optimisation et le déploiement de nouveaux procédés contribueront. Le principal but de ces efforts est la valorisation de la chaleur fatale perdue dans les procédés industriels en développant des technologies efficaces de récupérations thermiques comme les échangeurs de chaleur.

Dans ce contexte, notre projet s'inscrit dans la vision développée par la Société Marocaine de Construction Automobile (SOMACA) qui se penche sur la récupération d'énergie dans le procédé de peinture afin de réduire leur consommation en gaz.

Dans le premier chapitre, nous présentons l'entreprise en se focalisant sur le département peinture-laque qui est constitué généralement de plusieurs cabines conditionnées par un soufflage d'air.

Dans le but de réduire la consommation de l'énergie utilisée dans le conditionnement de l'air soufflé dans les cabines de la laque, le deuxième chapitre va comporter une étude pour déterminer l'énergie consommée, par le biais d'un bilan enthalpique sur la centrale de traitement d'air. En revanche, on va déterminer les sources d'énergies disponibles qui sont les cheminées de l'étuve de la laque, à partir desquelles on peut soutirer une partie de l'énergie nécessaire pour chauffer l'air de soufflage. Enfin, on va proposer un système permettant la récupération d'énergie en identifiant les différents éléments nécessaires pour cela.

Dans le troisième chapitre, on va dimensionner les différents éléments du système : les échangeurs, les ventilateurs et les gaines.

Le quatrième chapitre portera sur l'évaluation économique du projet.

CHAPITRE 1 :

Présentation de l'entreprise

1.1- Présentation du groupe Renault :

Malgré la crise mondiale, le secteur automobile marocain connait actuellement un développement significatif. Et Pour les responsables, ce secteur, recèle un grand potentiel de création de richesses socio-économiques. D'ailleurs cette branche d'activité représente la deuxième priorité du programme Emergence.

L'industrie automobile au Maroc constitue une importante activité économique amenée à se développer de manière croissante au cours des prochaines années. Elle représente près de 5% du PIB industriel, assure 14% des exportations industrielles et a des effets multiplicateurs sur la quasi-totalité de l'économie marocaine.

1.1.1- Historique :

L'histoire de Renault a débuté en 1898 dans un modeste atelier de Billancourt en France, dans lequel Louis Renault construit seul un véhicule équipé d'un moteur fourni par Dion Bouton. L'année suivante, en association avec son frère, il fonde l'usine Renault-Frères afin de commercialiser ses voitures en série et de dépasser le stade artisanal des prototypes. Si l'heure n'est pas encore à la production de masse, Renault se positionne sur des segments de marché importants, comme la fourniture des véhicules pour les compagnies de taxis parisiennes et londoniennes. A la veille de la seconde guerre mondiale, Renault est le premier constructeur automobile français.

Depuis une quinzaine d'années, Renault vit au rythme de la restructuration : D'abord industrielle et technique (Renault a fortement repensé ses gammes de véhicules), ensuite sociale (importantes réductions d'effectifs) voire même juridique. En effet, la régie est devenue, en 1990 une société anonyme qui relève depuis 1996 du droit commun.

Aujourd'hui, présent dans plus de 110 pays à travers le monde, Renault est un groupe automobile généraliste et multimarque. Il a acquis une dimension internationale suite à son alliance avec Nissan (4ème acteur mondial en volume de production derrière General Motors, Ford et Toyota), l'acquisition du constructeur roumain DACIA et la création de la société sud-coréenne Renault Samsung Motors. La figure ci-dessous représente l'emplacement des usines Renault à travers le monde, à savoir au Maroc (AFRIQUE), en EUROPE et en AMERIQUE.

1.2- Présentation de la SOMACA :

La Société Marocaine de Construction Automobile (SOMACA) a été créée en 1959, par l'intermédiaire du bureau des études, et de la participation industrielle (B. E. P. I.), organisme qui était en charge de promouvoir le développement industriel du Maroc. Elle comporte actuellement à peu près 1400 employés. Son activité principale est celle de l'assemblage des véhicules Renault (KANGOO, LOGAN et SANDERO récemment), ainsi que celui de PSA (Citroën BERLINGO et Peugeot PARTNER).

La SOMACA dispose d'une importante usine dont la superficie couverte est de 110 000m². Sa capacité de production est de 60000 véhicules par an dont 15 000 destinées principalement aux pays de la zone et du Moyen-Orient. Depuis sa création, la SOMACA n'a pas cessé d'évoluer pour devenir, sous l'aile de RENAULT, le numéro un de la construction automobile au Maroc.

1.2.1- Historique :

🖎 **1959** : Création de l'usine de Casablanca.

🖎 **1966** : Signature d'une convention entre l'Etat marocain et Renault portant sur l'assemblage de véhicules Renault à la SOMACA.

🖎 **1996** : Signature de la convention "V.U. Légers Economiques" avec l'Etat marocain et début de la production de l'Express. 1999 : Début de la production de KANGOO.

🖎 **2001** : Obtention de la certification ISO 9002.

🖎 **2003** : Début de la production de KANGOO et KANGOO Express phase 2. Signature d'un protocole d'accord avec l'Etat marocain pour la reprise par Renault de 38% du capital de la SOMACA (26% en septembre 2003 et 12% à fin octobre 2005).

🖎 **2004** : arrêt des activités industrielles de Fiat à la SOMACA. Signature avec l'Etat marocain de la convention "Voiture Economique Renault KANGOO".

🖎 **2005** : (27 avril) Renault rachète la part de 20% détenue par Fiat au capital de la SOMACA. Le Groupe Renault porte ainsi sa participation dans SOMACA à hauteur de 54%. (27 octobre) : Renault rachète les 12% restants de la participation de l'Etat marocain dans SOMACA (voir accord de 2003).

🖎 **2006** : Renault reprend les 14% du capital de SOMACA, détenu par des actionnaires privés. Lancement de Logan 1.5 dCi.

🖎 **2007** : Export de la Logan vers les marchés français et espagnol ; Certification Iso 14.001 de l'usine.

🖎 **2008** : Lancement de la KANGOO Long Life sur le marché européen ; Lancement de la Logan Phase II.

🖎 **2009** : Lancement de la SANDERO.

🖎 **2010** : Lancement de la SANDERO B Cross.

1.2.2- Fiche technique de la société :

Dénomination	Société Marocaine de Construction Automobile.
Nature juridique	Société Anonyme.
Date de création	Le 24 juillet 1958.
Adresse	km 12, Autoroute de Rabat 20300-Aïn sebäa, Casablanca.
Activité	Assemblage de véhicules.
Capacité de production	14 véhicules/heure
Capital social	60.000.000 DH
Superficie totale	316.144 m2 dont 110.000 m2 bâtis.
Certification qualité	-ISO 9002 version94 Février 2001. -EAQF ««A»» SECTEUR Renault Avril 2002 -ISO 9001 version 2000 Février 2004

1.2.3. Organigramme de la Société :

SOMACA est hiérarchisée selon l'organigramme suivant :

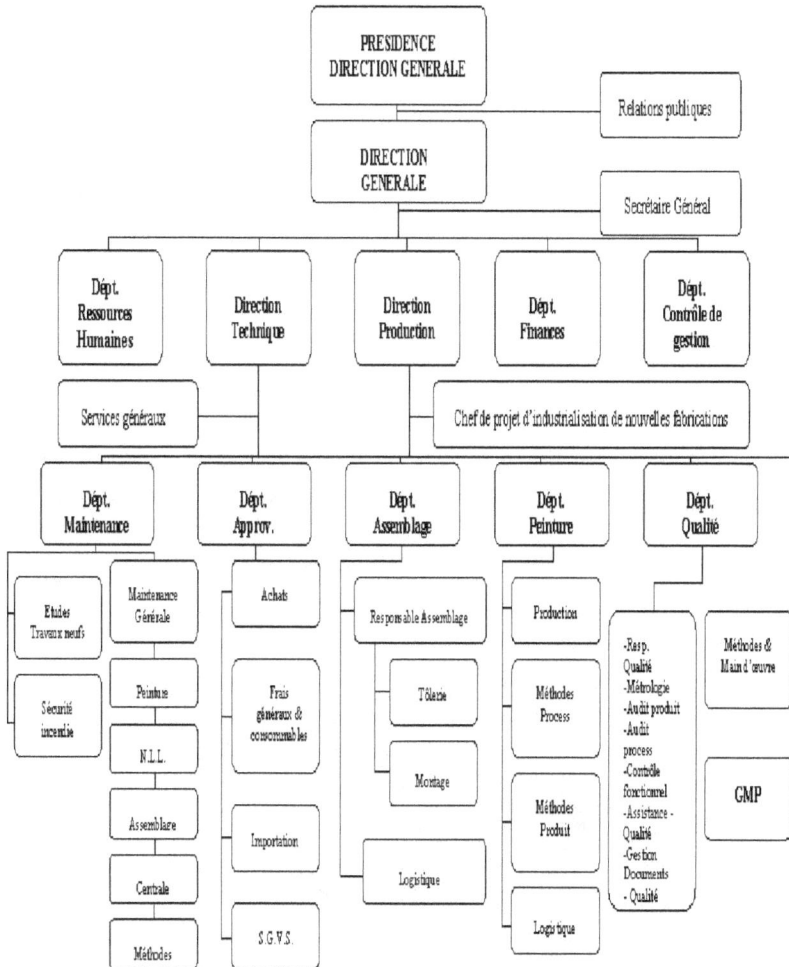

Figure 1.2 *:organigrame de l'entreprise*

Dans ce qui suit, nous détaillerons le département maintenance centrale où nous sommes affectés.

1.3. Présentation de la Maintenance Centrale:

C'est le dernier département créé au sein de la Direction Technique. Il se compose de plusieurs sous-ensembles nommés Unités Élémentaires de Travail (UET).

Il se charge du maintien à niveau des installations de manutention des portes automatiques, des rampes de déchargements, des chaudières, Il a également pour mission d'assurer la production et la distribution des fluides énergétiques et de maintenir les voies, les plateaux, les espaces verts à l'extérieur de l'usine.

Il est en relation étroite avec toutes les directions et services pour assurer la mise en place de la téléphonie, les emplacements des unités de travail,...etc.

Ce projet de fin d'études s'inscrit dans le cadre de la réduction de la consommation d'énergie dans « l'atelier peinture » où notre projet a été réalisé.

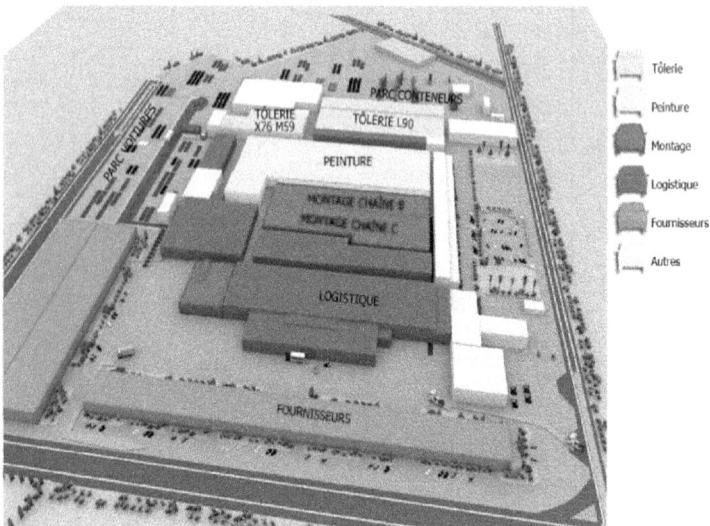

Figure1.3 : *plan de SOMACA*

1.4. Processus de production à la SOMACA

La production d'une automobile est un processus complexe. Une usine terminale comporte un ensemble de lignes de production peu flexibles très sensibles aux aléas et dépendant de la nature des moyens de convoyage.

La production des véhicules à la SOMACA consiste en l'assemblage d'éléments CKD *(Completely knocked down:* pièces complètement démontées*)* approvisionnés en lots et de pièces fabriquées localement. A l'arrivée, tout l'approvisionnement passe à travers un contrôle de réception quantitatif et qualitatif. Le processus fabrication est composé de trois départements successifs : **Département Tôlerie** (Ferrage), **Département Peinture, Département Montage**.

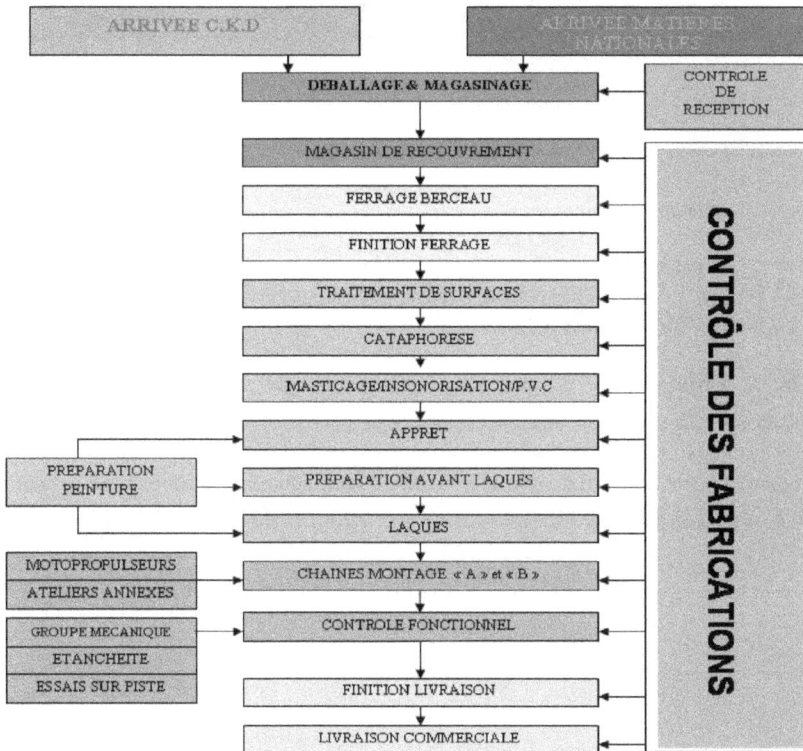

1.4.1- Département Tôlerie (Ferrage) :

Le ferrage est la première étape du processus de fabrication des véhicules. Il consiste à assembler la carrosserie de la voiture à partir des éléments dits CKD (Complete Knock Down) en utilisant la technologie de soudure et des moyens industriels adaptés à chaque modèle (berceaux, gabaries…..).

Les technologies de soudure utilisées sont

* La soudure par points.

* La soudure à l'arc électrique.

1.4.2. Département Peinture

C'est la deuxième étape du processus de fabrication. On y fait subir au véhicule des traitements de surfaces pour améliorer sa résistance à la corrosion et aux attaques chimiques.

Le processus permet aussi de renforcer les points de soudures entre les éléments soudés par points. La caisse passe par six étapes avant d'être livrée aux chaînes de garnissage

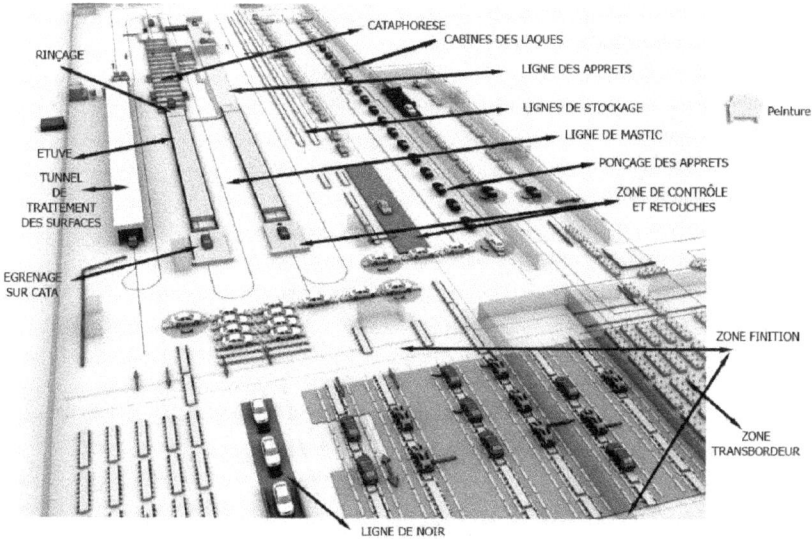

Figure 1.6 : *Plan du département peinture*

1.4.2.1. Tunnel de Traitement de Surface (T.T.S)

Ce tunnel est composé de plusieurs bains dans lesquels la voiture est immergée et cela dans le but de nettoyer la surface de la tôle. La tôle est traitée par phosphatation (phosphate de zinc, phosphate de fer) pour la préparer aux traitements qui suivent.

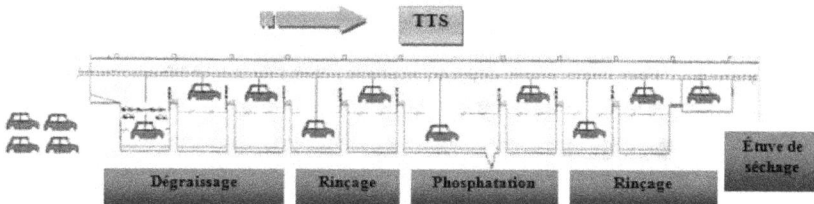

Le tunnel de traitement de surface où le traitement anti-oxydation est effectué, est composé de 9 stades ; ces stades se regroupent en trois phases :

- **Phase de pré-phosphatation**

Cette phase comporte plusieurs stades, elle consiste à la préparation de la tôle pour accepter la couche de phosphatation.

- **Phase de phosphatation**

Ce procédé consiste à recouvrir la tôle d'une couche de phosphate assurant une très bonne tenue à la corrosion.

- **Phase post-phosphatation**

Elle se déroule en trois stades : le rinçage, la passivation et le rinçage final, permettant ainsi l'uniformité de la couche de phosphatation déposée sur la surface métallique.

1.4.2.2. Cataphorèse :

Il s'agit de déposer sur la caisse par immersion totale une couche de peinture organique, comme l'indique la figure ci-dessous.

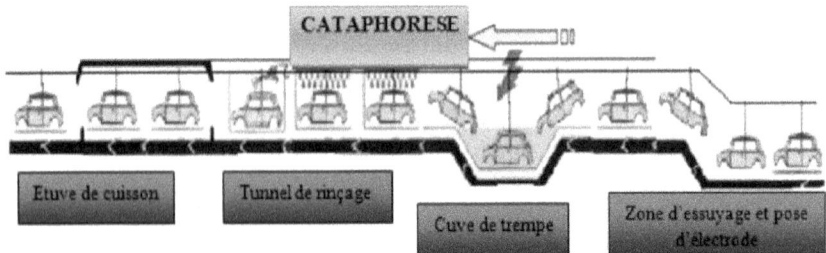

1.4.2.3. Mastic :

Le masticage est réalisé pour renforcer les soudures entre les différents organes de la caisse. Il consiste à l'application de différents types de mastic et la mise en place des insonorisant et des obturateurs.

L'ensemble de ces opérations permet de conférer à la caisse des qualités d'anti- bruits et d'étanchéité, tout en empêchant les fuites et la corrosion.

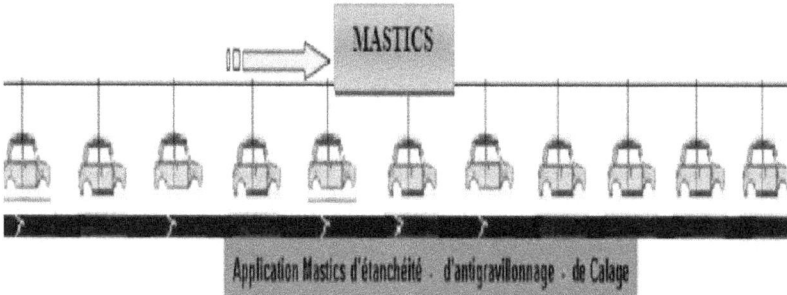

1.4.2.4. Apprêt :

L'apprêt est une couche de substance qui protège la surface de la tôle de toute attaque par corrosion. Elle consiste à l'application d'une peinture intermédiaire l'épaisseur suffisante dans le but de :

* Assurer le garnissage nécessaire pour éliminer les défauts d'aspect de surface.

* Favoriser la protection anti- gravillonnage.

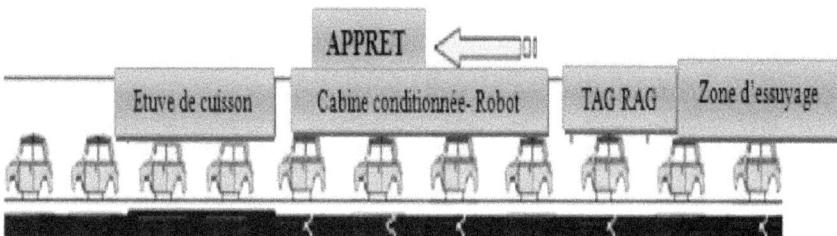

1.4.2.5. Laque :

Dans cette phase, on applique d'abord une base (teinte colorée) sur la partie superficielle apparente de la voiture pour lui procurer la couleur désignée par le client, ensuite on utilise un vernis qui d'un côté joue le rôle de protecteur de la base et de l'autre donne un aspect brillant à la caisse.

- **Caractéristiques** :
  - Longueur   : 288 m
  - Capacité   : 38 caisses
  - Vitesse de convoyeur : 2.4m/min (cabine) et 1,57 m/min (étuve).

L'application de cette peinture se fait dans trois cabines, soit manuellement ou à la machine, suivant les familles de teinte de base.

➢ **Cabine ponçage :**

Dans cette cabine on applique d'abord un soufflage d'air des intérieurs et des extérieurs des caisses pour éliminer la poussière puis on les essuie avec un tampon bleu imbibé d'Heptane (TACK-RAG).

➢ **Cabine des bases :**

L'application des bases métallisée se fait manuellement pour l'intérieur des caisses puis on procède à une application automatique à l'aide de la machine à peindre pour l'extérieur.

Machine à peindre MAP : c'est une machine pneumatique composé de :

- Deux machines latérales : trois mouvement (altitude – gabarit – rotation de poignet) + Quatre pulvérisateurs TRP 500.

- Une machine de toit : quatre mouvements (altitude – oscillation – rotation de Poignet - suivi) + deux pulvérisateurs TRP 500

La MAP peut détecter le type de véhicule et la teinte à utiliser qui paraissent sur le pupitre de la station.

➢ **Cabine des opaques et vernis :**

L'application des opaques et vernis se fait manuellement pour l'intérieur de la caisse puis on procède à une application automatique à l'aide de la machine à bols pour l'extérieur.

-Machine à bols : c'est une machine électrostatique qui contient des Bols à la place des pistolets, et la pulvérisation de la peinture est créée par le mouvement rotatif des bols. Cette machine fonctionne en mode électrostatique.

> **L'étuve :**

L'étuve est un espace clos dans lequel on peut produire un environnement climatique particulier, grâce à un réglage précis de la température ((110°C)- (144°C)- (160°C)- (100°C)), destiné au séchage et à la polymérisation des revêtements organiques. Elle est généralement constituée d'une caisse métallique à double paroi et a pour fonction d'effectuer la cuisson des laques sur les surfaces intérieures et extérieures des caisses peintes en cabine des laques.

L'étuve contient quatre zones :

- Zone d'entrée
- Zone de montée
- Zone de maintien
- Zone de sortie

La Cabine est conditionnée :

T= 23 °C, l'humidité = 60 %

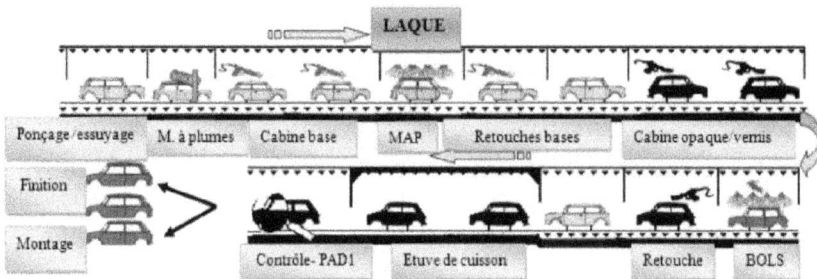

1.4.2.6. Finition et retouches (Pourcentage d'Acceptation Directe) :

Après séchage de la laque dans un four électrique, la caisse est acheminée vers la dernière opération (Finition) avant sa livraison à la chaîne de garnissage. La voiture est enchaînée par la suite vers la chaîne de montage.

1.4.3. Département Montage

L'atelier de montage est composé de deux chaînes de montage B et C. La chaîne B qui est réservée aux véhicules utilitaires (Renault Kongo) tandis que la chaîne C est destinée au montage de la Logan L90 et de la Sandero B90.

À la fin de la chaîne, le véhicule subit une série de contrôles afin de vérifier le niveau de qualité du produit et procéder aux retouches si nécessaires.

Conclusion :

Dans ce chapitre nous avons décrit la société d'accueil et ses différents ateliers : montage, peinture et tôlerie. Dans le cadre de notre projet, nous allons nous intéresser à la deuxième étape de production qui est la peinture et surtout la phase de la laque où la consommation d'énergie est très importante aussi bien pour le réchauffement d'air du soufflage que pour la cuisson dans l'étuve. Le but est d'avoir des actions opportunes en vue d'économiser cette énergie par le biais d'un système de récupération.

Dans le prochain chapitre, nous allons déterminer le besoin en énergie de l'atelier peinture laque, ensuite présenter les sources d'énergies disponibles.et enfin proposer un système permettant une récupération adéquate de l'énergie et une réduction significative du coût.

CHAPITRE 2 :

La récupération d'énergie

Introduction

Toute activité industrielle absorbe ou génère, à une étape donnée, de l'énergie sous diverses formes, le plus souvent de la puissance mécanique ou de la chaleur. Cette énergie est utilisée pour le transport et la transformation des flux de matières et d'énergie, nécessaires aux procédés ou aux utilités, intervenant dans ces activités. Par ailleurs, selon le premier principe de la thermodynamique, toutes les opérations unitaires de transformation de matière ou d'énergie transforment tout ou en partie de l'énergie utilisée en chaleur. Une partie importante de cette énergie est donc perdue à travers des rejets à basses températures, soit sous forme gazeuse à l'atmosphère, soit sous forme liquide qui finissent à l'égout. Cette énergie perdue constitue ce qu'on appelle la chaleur fatale.

Les récupérations d'énergies alimentées par ces rejets peuvent être envisagées en interne ou en externe au site de leur production. Dans ce dernier cas, leur valorisation nécessite une adéquation particulière entre disponibilités et besoins. Jusqu'à présent, le volume de ces récupérations est fortement limité en milieu industriel par des préoccupations de rentabilité à court terme, et par les limites des technologies utilisées.

En adoptant cette approche, la valorisation de la chaleur fatale représente des gisements d'efficacité énormes, à condition de disposer de technologies adaptées.

Dans le présent chapitre, l'approche de la récupération d'énergie va s'effectuer à partir des cheminées de la laque afin d'alimenter l'air entrant dans les centrales de traitement d'air (CTA). Pour cela, il faut tout d'abord décrire la CTA et l'étuve de la laque, puis effectuer son bilan thermique et enfin établir un bilan énergétique nécessaire pour quantifier l'énergie disponible.

2.1- Description de la centrale de traitement d'air (CTA) :

Les centrales de traitement d'air (CTA) permettent de maîtriser en température et parfois en hygrométrie la qualité de l'air soufflé.

2.1.1- Etape de traitement d'air dans une CTA :

Les CTA aident au maintien de la température d'air neuf qui alimente les cabines de la laque. Ceci se fait en réchauffant l'air neuf à l'aide de bruleurs qui fonctionnent généralement avec un mélange de propane-butane comme combustible. Des filtres sont mis en place pour nettoyer l'air afin de ne pas laisser entrer de poussières qui empêcheraient l'application de la peinture.

Il existe trois CTA qui servent comme prise d'air muni de :

- Un grillage pare-oiseaux
- Des rideaux métalliques
- Un filtre à sable
- Deux étages de filtration
- Un humidificateur
- Un bruleur
- Un moteur & ventilateur

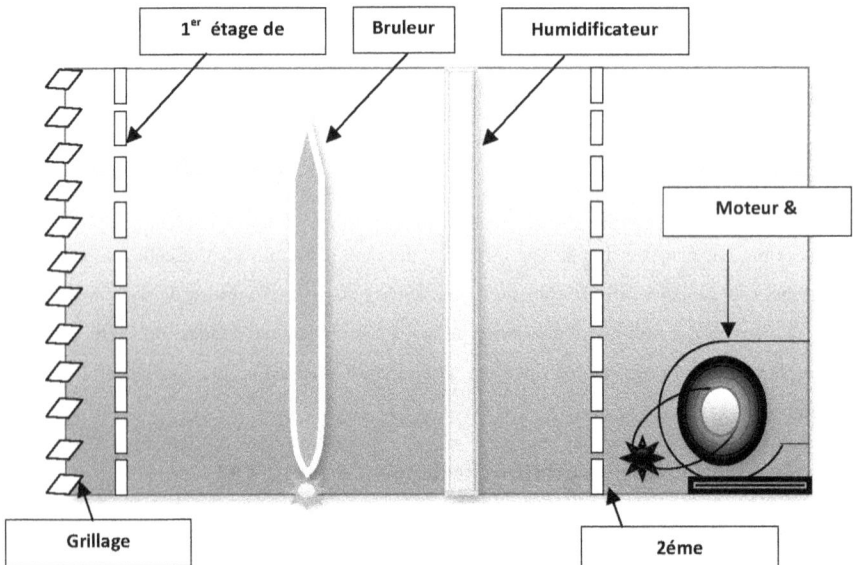

2.1.1.1- Premier étage de filtration :

La conception du plan de filtration est particulièrement soignée pour assurer une parfaite étanchéité, des robinets de prise de pression permettent de suivre la perte de charge des filtres.

Rendement opacimétrique	50 à 60%
Nombre de filtres	72
Débit par filtre	3540 m3/h
Dimension	595*595 mm

Tableau 2.1 : *dimension du premier étage de filtration*

2.1.1.2- Chauffage au gaz :

Bruleurs en veine d'air :

- Détection de flamme par sonde à ionisation
- Protection contre l'humidité des sondes et des bougies d'allumage par élément infrarouge.

Le diaphragme permet de régler la vitesse d'air au bruleur à 15 m/s

2.1.1.3- Humidification adiabatique :

Le principe retenu est la pulvérisation d'eau déminéralisée, la régulation d'hygrométrie s'effectue par variation du débit d'eau pulvérisée.la pulvérisation n'est assurée que par une seule pompe centrifuge, pilotée par un variateur de fréquence. Les structures de l'humidificateur et les tuyauteries sont aussi en inox 304 L.

La mesure de niveau d'eau est réalisée par 3 sondes à lames vibrantes :

- Sécurité trop basse en protection contre la marche à vide de la pompe
- Niveau haut
- Niveau trop haut pour fermer l'électrovanne d'appoint d'eau.

L'humidificateur sera équipé :

- D'un appoint d'eau automatique géré par une électrovanne tout ou rien pour la marche/arrêt et d'un flotteur pour l'appoint en fonctionnement
- D'un appoint d'eau manuel
- D'une vidange automatique
- D'une vidange manuelle

Les caractéristiques de l'humidificateur sont mentionnées sur le **Tableau 2.2**

Débit d'air (m3/h)	255 000
Perte de charge (Pa)	150
Vitesse d'air (m/s)	2.52
Rendement d'humidificateur	78%

Tableau 2.2 : *caractéristiques de l'humidificateur de la CTA*

2.1.1.4- Second étage de filtration :

Le deuxième étage de filtration est presque le même que le premier, les caractéristiques de ce dernier sont notés dans le **Tableau 2.3**

Rendement opacimétrique	65 %
Nombre de filtres	72
Débit nominal	4 250 m3/h
Débit par filtre	3 540 m3/h
Dimension	595*595 mm
Perte de charge initiale	80 Pa
Perte de charge finale	350

Tableau 2.3 : *caractéristiques du second étage de filtration*

2.1.1.5- Ventilateur de soufflage :

Ventilateur du type hélicoïde à calage des pâles variables en marche.

2.1.1.6- Dimension d'une CTA :

Les 3 CTA ont des dimensions identiques qu'on citera dans le **Tableau 2.4**

Hauteur (mm)	5 500
Largeur (mm)	5 500
Longueur (mm)	18 000

Tableau 2.4 : *dimension d'une CTA*

Figure 2.2 : *Photo des cheminées et grillage de CTA*

2.1.2- Bilan enthalpique :

2.1.2.1- Calcul de la puissance de chauffe Q:

Afin de déterminer la puissance de chauffe Q qu'il faut fournir à l'air neuf pour l'amener à une température de 23°C, on va établir un bilan enthalpique autour du réchauffeur :

$$Q = \Delta H = (Hs - He) \times \dot{m}_{as} \qquad (2.1)$$

Avec :

-   **He** : l'enthalpie spécifique de l'air entrant à la CTA en **KJ/Kg d'air sec**. Les caractéristiques de l'air ambiant (température et humidité relative) sont déterminées par RETScreen. Le **Tableau 2.5** nous donne l'enthalpie spécifique en fonction de la température et l'humidité relative.

	Janv	Févr	Mars	Avr	Mai	Juin	Juil.	Aout	Sep.	Oct.	Nov.	Déc.
T (°C)	12.8	13.4	14.1	15.4	17.5	20.2	22.4	22.7	21.7	16.9	16.1	13.5
HR %	82.6	82.5	81.9	80.2	79.3	80.3	81.8	82.9	82.7	82.1	81.9	83.9
He	31.89	33.24	34.73	36.40	37.41	50.47	57.65	59.11	55.8	41.9	39.64	33.81

Tableau 3.5 : *l'enthalpie spécifique de l'air ambiant pendant chaque mois en KJ/Kg d'air sec*

- **Hs** : l'enthalpie spécifique de l'air de soufflage en **KJ/Kg d'air sec** en fonction de la température et de l'humidité relative de soufflage dans les cabines de peinture présentées dans le **Tableau 2.6** :

Ts (°C)	HRs (%)	Hs KJ/Kg d'air
23	60	49.7

Tableau 4.6 : *données de l'air de soufflage*

- **ṁas :** Débit d'air sec en **Kg/h.**

2.1.2.2- Calcul du débit d'air sec ṁas :

Pour effectuer ce calcul, il faut aussi connaitre la valeur du débit d'air sec circulant dans le système. Ce dernier pourra être déterminé à l'aide de l'équation des gaz parfait

$$\text{Pas.Q} = \text{ṁas M} \times \text{RT} \qquad => \text{ṁas} = \text{Pas.Q.MRT} \qquad (2.2)$$

- **Pas** : pression d'air sec en **atm**
- **Q** : débit d'air soufflé dans les cabines de peinture en **l/h, Q= 255.106 l/h**
- **M** : masse molaire de l'air, **M=0.029 Kg/mol**

36

- **R** : constante des gaz parfaits **R=0.0821 l.atm/K.mol**
- **T** : température de l'air en **Kelvin** donnée dans le **Tableau2.5**

2.1.2.3- Calcul de la pression d'air sec :

La pression d'air sec se calcule selon l'équation suivante :

$$\boldsymbol{Pas = Patm - PH\,O} \qquad (2.3)$$

Avec :

- **$Patm$** : La pression atmosphérique en mmHg, **Patm= 760 mmHg.**

- **$PH\,O$** : pression de la vapeur d'eau en mmHg.

La pression de vapeur d'eau **$PH\,O$** sera calculée selon la relation suivante :

$$\textbf{PH2O = PH2O °(T°C)×HR} \qquad (2.4)$$

- **PH2O °** : La pression de vapeur saturante calculée par l'équation d'Antoine

- **HR** : l'humidité relative de l'air donnée par RETSCREEN qu'on regroupe dans le **Tableau 2.5**.

Selon l'équation d'Antoine :

$$\textbf{log(PH2O °)=8,10765−1750,286T°C+235} \qquad (2.5)$$

Le calcul est effectué pour chaque mois de l'année afin de déterminer le mois dont le besoin en énergie est élevé et les mois de l'arrêt du bruleur de la CTA. Le résultat du calcul du débit d'air sec et la pression de vapeur d'eau est regroupé dans le **Tableau 2.7** :

Mois	P°H2O (mmHg)	PH2O (mmHg)	Pas (atm)	ṁas (Kg/h)
Janvier	11,07	9,15	0,987	311 367,67
Février	11,52	9,50	0,987	310 568,45
Mars	12,07	9,87	0,987	309 658,09
Avril	13,11	10,52	0,986	307 998,32
Mai	14,99	11,89	0,984	305 212,34

Juin	17,75	14,34	0,981	301 410,12
Juillet	20,31	16,62	0,974	298 252,40
Aout	20,69	17,15	0,977	297 736,10
Septembre	19,46	16,09	0,978	299 169,70
Octobre	14,43	11,85	0,984	305 860,13
Novembre	13,71	11,23	0,985	306 959,14
Décembre	11,59	9,73	0,987	310 367,15

Tableau 5.7 : *le débit d'air sec de l'air entrant au système durant l'année*

Après avoir effectué le bilan sur la CTA pendant chaque mois, on remarque que les bruleurs sont en arrêt pendant les mois : juin, juillet, aout et septembre.

	Janv.11	Févr.11	Mars.11	Avr.11	Mai.11	Oct.11	Nov.11	Déc.11
Q (KW)	1 540,40	1 419,98	1 287,66	1 137,88	1 041,96	662,69	857,78	1 369,92

Tableau 6.8 : *Puissance de chauffe durant 8 mois de l'année en KW*

Le temps de fonctionnement du bruleur est différent pour chaque mois de l'année, comme le montre le **Tableau 2.9** :

	Janv.11	Févr.11	Mars.11	Avr.11	Mai.11	Oct.11	Nov.11	Déc.11
tf (h)	226,23	230,06	253,81	288,34	287,97	472,02	348,23	243,02

Tableau 7.9 : *Temps de fonctionnement du bruleur durant 8 mois de l'année*

La puissance de chauffe nécessaire pour chauffer l'air jusqu'à une température de 23°C est illustrée dans le **Tableau 2.10** :

	Janv.11	Févr.11	Mars.11	Avr.11	Mai.11	Oct.11	Nov.11	Déc.11
Q (KWh)	348 491,79	326 682,63	326 824,64	328 100,97	300 060,15	312 809,41	298 709,43	332 920,32

Tableau 8.10 : *puissance nécessaire pour chauffer l'air ambiant entrant à la CTA en KWh*

2.1.3- Consommation de gaz :

Le combustible utilisé est un mélange de propane- butane. Chaque bruleur fonctionne avec 60% de propane et 40% de butane.

Pour déterminer la quantité de combustible nécessaire, nous déterminons préalablement la quantité d'énergie produite par la combustion Qc selon la relation suivante :

$$Qc = Q\eta \qquad (2.6)$$

- Q : la quantité d'énergie de chauffe en **KWh**
- Qc : la quantité d'énergie produite par la combustion en **KWh**
- η : le rendement de la combustion $\eta = 85,77\%$

	Janv.11	Févr.11	Mars.11	Avr.11	Mai.11	Oct.11	Nov.11	Déc.11
Qc (KWh)	406309,65	380882,16	381047,72	382535,82	349842,78	364707,25	348267,96	388154,73

Tableau 9.11 : *quantité énergie générée par le combustible*

La quantité du combustible utilisé q est égale à :

$$q = Qc\,PCI \qquad (2.7)$$

- **PCI** : le pouvoir calorifique inférieur en KWh/Kg

Comme le combustible utilisé est un mélange de propane et de butane, le PCI du mélange sera :

PCI= 12,77 KWh/Kg

D'où :

	Janv.11	Févr.11	Mars.11	Avr.11	Mai.11	Oct.11	Nov.11	Déc.11
q (Kg)	31 798,15	29 808,17	29 821,13	29 937,58	27 379	28 542,31	27 255,75	30 377,33

Tableau 10.12 : *quantité de combustible en Kg*

- **Pour les 3 CTA :**

	Janv.11	Févr.11	Mars.11	Avr.11	Mai.11	Oct.11	Nov.11	Déc.11
q (Kg)	95 394,44	89 424,51	89 463,37	89 812,75	82 137	85 626,92	81 767,26	91 131,98

Tableau 11.13 : *quantité de combustible en Kg dans les 3CTA*

Interprétation :

D'après le bilan, nous remarquons que la puissance de chauffe est élevée pendant le mois de janvier. Par contre, pour les mois de juin, juillet, août et septembre, les bruleurs sont en arrêt en raison de la température ambiante qui est élevée durant ces mois. De ce fait la puissance de chauffe est négative. Ainsi le choix du système de récupération sera fait selon le mois le plus critique afin d'assurer une bonne économie d'énergie.

2.2. ETUVE DE LA LAQUE :

2.2.1- Description de l'étuve de la laque :

Apres l'application de la peinture : la laque, le véhicule passe dans une étuve destinée à la cuisson de peinture.

Figure 2.3: *photos du passage de véhicule à l'enceinte de l'étuve*

Le séchage, qui n'entraîne qu'une modification physique du film de peinture, est à distinguer de la **polymérisation** qui s'accompagne d'une modification chimique en assurant un durcissement correct de la peinture.

La polymérisation peut se faire :

- **par voie chimique**: Elle est caractérisée par une formulation spécifique et un temps de réaction long. Elle est utilisée pour des applications spécifiques (retouche ou petite cadence),
- **par cycle thermique**: Elle s'effectue par convection forcée d'air chaud avec, suivant les cas, la combinaison de rayonnement infrarouge afin de réduire les longueurs d'étuve (combinaison pour les étuves des laques dans la zone de montée en température).

La montée en température doit se faire pour évaporer le solvant et de manière progressive sinon des cloques se formeront sur le véhicule :

➢ **De 70°C à 90°C**: début de la réaction avec départ des solvants greffés dans les résines ; le film devient poisseux. D'où l'importance de la propreté des étuves (absence de poussières, retombées d'huile, etc.).

➢ **De 90°C à 120°C** : la réaction s'accélère, le film de peinture commence à acquérir une structure thermodurcissable. Les solvants lourds (pour la tension et "l'arrondi" des laques) s'évaporent. D'où l'importance de la courbe de cuisson dont dépend l'aspect final (tension, brillant, etc.).

➢ **De 120°C au palier**: c'est la zone de cuisson la plus importante. elle dépend des propriétés du produit (bonne tenue au milieu extérieur, adhérence, etc.).

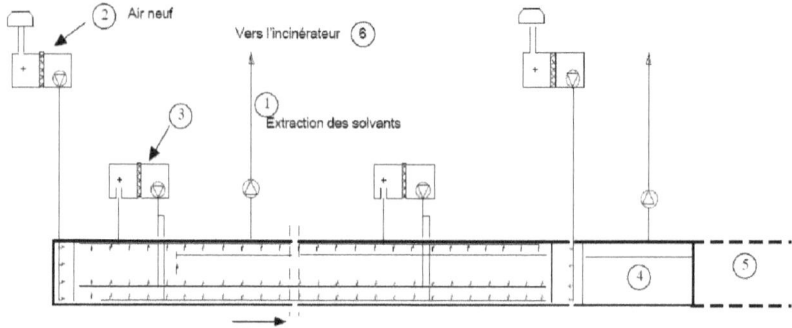

Figure 2.4 : *principe général de l'étuve*

- **Enceinte** :

C'est le tunnel de cuisson, il est calorifugé et décomposé en 4 zones :

> ➢ entrée pour assurer l'équilibre thermique et aéraulique avec l'environnement,
>
> ➢ montée en température (type convection ou à rayonnement),
>
> ➢ maintien en température (toujours convection),
>
> ➢ sortie pour assurer l'équilibre thermique et aéraulique avec l'environnement.

- **Extraction des solvants:(1)**

Elle assure la dépollution de l'étuve (évacuation des solvants contenus dans le film de peinture parles gaines de déconcentration).

- **Groupes d'air neuf : (2)**

Ils sont en entrée et sortie d'étuve et compensent l'air extrait de l'étuve.

- **Groupes de recyclage ou de chauffe : (3)**

Ils assurent la convection forcée dans l'enceinte.

- **Hotte : (4)**

Implantée en fin d'étuve, elle permet :

> ➢ d'évacuer une partie des fumées du véhicule,

> ➢ d'absorber les éventuels à-coups aérauliques (cabine par exemple),
> ➢ d'évacuer les sorties d'air dues au mouvement aéraulique naturel.

- **Refroidisseur : (5)**

Implanté après la hotte, il permet :

> ➢ de respecter une température maximale au premier poste de travail,
> ➢ d'éviter le dégagement de fumées dans l'atelier.

- **Système d'incinération : (6)**

Il traite l'air chargé de solvants extrait de l'installation.

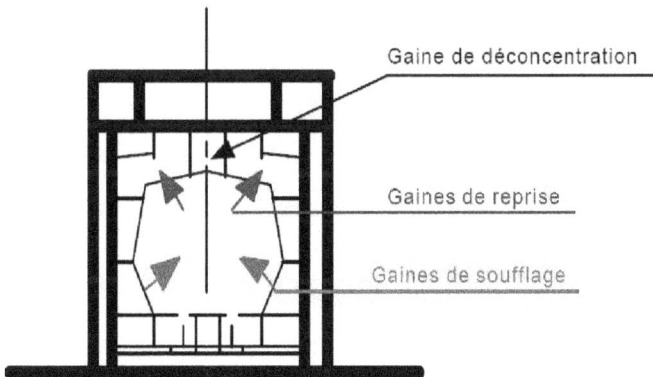

Figure 2.5 : *Coupe de transversale d'une enceinte d'étuve*

- **Systèmes de chauffage et d'incinération associée :**

On distingue :

> ➢ **Chauffage par flux direct**

L'air de la convection est directement en contact avec la source de chaleur, un brûleur à veine d'air, ce qui impose un incinérateur **régénératif.**

> **Chauffage par flux indirect**

L'air de la convection n'est pas en contact avec la source de chaleur. Pour ce faire, il est possible d'utiliser :

- Des échangeurs air/air, ce qui impose un incinérateur récupératif.
- Des foyers échangeurs, ce qui impose un incinérateur régénératif.

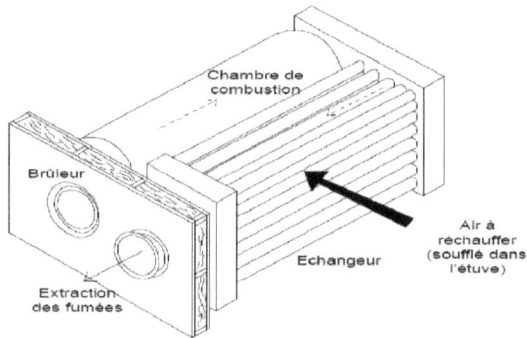

Figure 2.6 : *Schéma de principe d'un foyer échangeur*

L'énergie nécessaire au chauffage de l'étuve est générée par le système d'incinération.

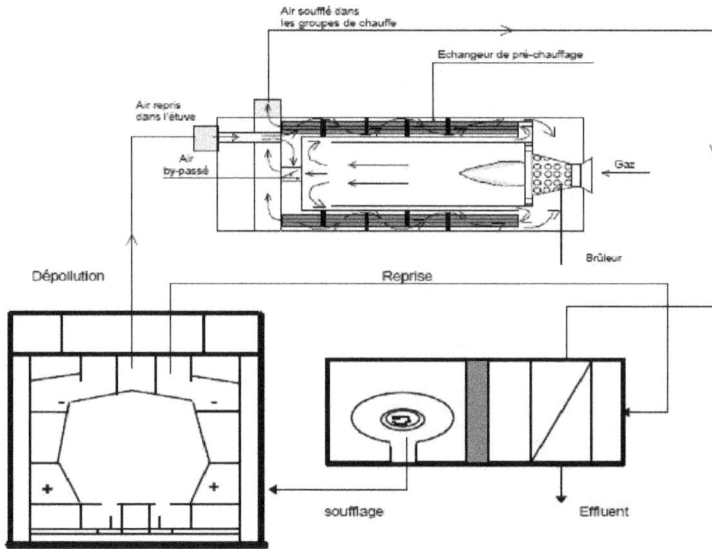

Figure 2.7 : *Schéma de principe avec incinérateur-récupératif*

- **Dimensions et temps de passage :**

Le passage de chaque voiture est quantifié en matière du temps dans l'étuve de la laque, on retrouvera dans le **Tableau 2.14** la longueur de chaque zone avec le temps de passage de chaque véhicule.

Longueur hors tout	67 m	
Largeur hors tout	3750 mm	
Hauteur du tunnel	3350 mm	
Zone de montée IRC + extraction	8000 mm	5 mn
Zone de montée en convection	8000 mm	5 mn
Zone totale de maintien à 150°C	41 m	25 mn
Rideau d'air de sortie	5000 mm	3 mn
Temps de passage total		38 mn

Tableau 12.14 : *quantification du temps de passage dans chaque zone de l'étuve*

- **Caractéristiques de l'étuve :**

On regroupera les caractéristiques de l'étuve en termes de débit d'air qui alimente l'étuve dans chaque groupe dans le **Tableau 2.15**

Quantité d'air neuf	500 Kg/véhicule	
Groupe de recyclage		
Zone de montée	50 000 m3/h	37 KW
Zone de maintien	50 000 m3/h	37 KW
Groupe d'air neuf		
Rideau d'air à l'entré étuve	5 250 m3/h	3 KW
Rideau d'air à la sortie étuve	5 250 m3/h	3 KW
Extraction solvant	15 000 m3/h	15 KW
Vide-vite		
Débit	30 000 m3/h	15 KW

Tableau 13.15 : *caractéristiques des groupes d'air de l'étuve de la laque*

- **Zone de contrôle :**

Une zone de contrôle est essentielle pour contrôler la qualité des véhicules produits avant le passage vers la suite de la chaine de production on citera les caractéristiques de cette dernière dans le **Tableau 2.16**

Longueur	28 m	
Largeur	6 m	
Niveau d'éclairage	1000 LUX	
Niveau du platelage	500 mm	
Débit d'extraction	28 000 m3/h	
Puissance moteur	7.5 KW	

Tableau 14.16 : *caractéristiques et dimensions de la zone de contrôles*

2.2.2- Bilan des cheminées de l'étuve de la laque :

2.2.2.1- Cheminées de l'étuve de la laque :

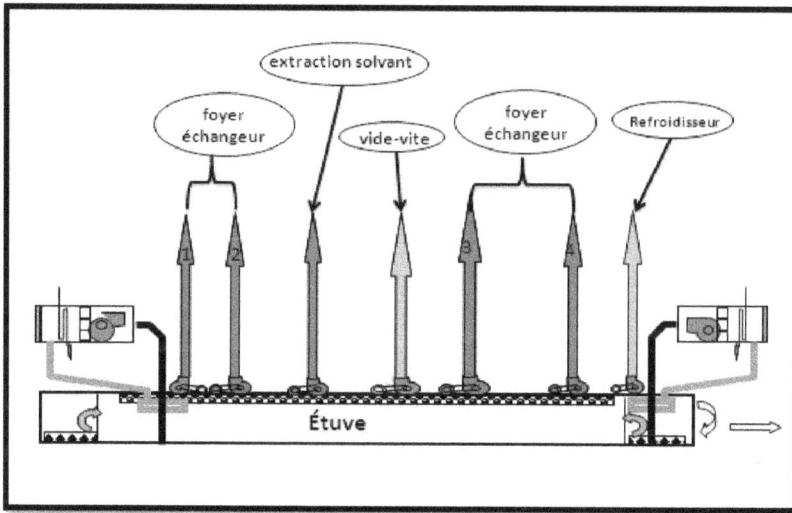

Figure 2.8: *plan de cheminée de l'étuve de l'atelier laque*

Les cheminées en rouge sont celles qui dégagent des fumées de température importante, comme le montre le **Tableau 2.17** :

	Foyers bruleurs						
Cheminée	**1**	**2**	**3**	**4**	**Extraction solvant**	**Vide-vite**	**Refroidisseur**
T (°C)	220	220	220	220	170	60	73

Tableau 15.17: *températures des cheminées de l'étuve*

2.2.2.2- Bilan thermique :

Le bilan thermique sur les cheminées se calcule selon l'équation suivante :

$$Q = m \times Cp \times (Ti - Tf) \qquad (2.8)$$

- Q : quantité de chaleur
- m : debit massique des fumées
- Cp : capacité calorifique
- Ti : Température initiale
- Tf : Température finale qu'on va fixer a 70 °C pour éviter la condensation des fumées

❖ **Méthode de mesure du debit des cheminées :** voir **ANNEXE1**

Après la mesure du débit de chaque cheminée, on a obtenu les débits suivants :

Cheminée	Température (°C)	Débit d'émission (m3/h)	Débit (Kg/s)
1	220	6000	2,15
2	220	6000	2,15
Extraction solvant	170	16810	6,023583333
3	220	6000	2,15
4	220	6000	2,15

Tableau 16.18 *:le débit des fumées de chaque cheminée*

2.2.2- Calcul de la capacité thermique des fumées :

Afin de calculer la capacité thermique, on a effectué une analyse de fumées. Les 4 cheminées « foyer bruleur » ont presque la même compostion. On regroupera les resultat des mesures dans le **Tableau 2.19**

T (°C)	O2(%)	CO2(%)	N(%)	HR(%)
220	4,7	10,6	73,2197	50%

Tableau 17.19 *:répartition des élements du panache sec*

Les fumées sont donc composées essentiellement de O2, CO2, N et H2O. Le poucentage de la vapeur d'eau est calculé selon l'humidité relative (**ANNEXE 2**).

$$\% \, H_2O = 11,4803$$

La capacité thermique varie en fonction de T selon l'equation suivante :

$$CpR = A + B \times T + C \times T + D \times T^- + E \times T \qquad (2.9)$$

Les coefficients A, B, C, D et E de chaque élements sont obtenus à l'aide du **THEMO SOLVER,** pour calculer la Cp de chaque élement à T=220°C (**ANNEXE 3**)

$$Cp = 1,11 \, KJ/Kg.K$$

Ainsi on peut calculer la quantité de chaleur qu'on peut soutirer des cheminées des étuves comme indiqué sur le **Tableau2.20** qui rassemble les résultats du bilan thermique des cheminées des bruleurs de l'étuve de la laque.

Cheminée	T (°C)	Q (KW)	Cp (Kj/Kg.K)
1	220	358,3948346	1,11130181
2	220	358,3948346	1,11130181
Extraction solvant	170	604,7677667	1,004
3	220	358,3948346	1,11130181
4	220	358,3948346	1,11130181

Tableau 18.20 : *quantité d'énergie soutirée des fumées des cheminées de l'étuve de la laque*

Donc, la quantité d'énergie disponible dans les 4 cheminées « foyer bruleur » est :

$$Q = 1433,58 \, KW$$

La puissance d'énergie qu'on peut soutirer pendant un mois, sachant que les étuves fonctionnent 24h/24 est :

$$Q = 1\,032\,177,12 \, KWh$$

Donc la quantité de combustible nécessaire pour générer cette énergie est :

q= 94175,53 Kg

2.2- Le système de récupération d'énergie :

Afin de réduire la consommation du gaz utilisé dans les bruleurs des CTA, on a proposé de mettre en place un système de récupération d'énergie qui permet de soutirer l'énergie dissipée par les fumées des cheminées pour chauffer l'air entrant au CTA qui sera soufflé dans les cabines de peinture (laque).

Après le bilan thermique que nous avons effectué sur les cheminées de l'étuve de la laque, on a constaté que l'énergie mensuelle disponible est de **Q= 1 032 177,124 KWh** peut répondre aux besoins des CTA.

L'énergie nécessaire dans les 3 CTA est de :

	Janv.11	Févr.11	Mars.11	Avr.11	Mai.11	Oct.11	Nov.11	Déc.11
QT (KWh)	1218929	1142646	1143143	1147607	1049528	1094122	1044804	1164464

Tableau 19.21 : *quantité d'énergie nécessaire dans les 3 CTA*

Le pourcentage en énergie qu'on peut satisfaire est de :

$\Gamma = QCQT$

	Janv.11	Févr.11	Mars.11	Avr.11	Mai.11	Oct.11	Nov.11	Déc.11
Γ	0,83967319	0,89573	0,89534	0,89186	0,9752	0,93546	0,97961	0,87895

Tableau 20.22 : *le pourcentage du gain en énergie*

Ainsi, nous proposons d'alimenter 2 CTA qui se trouvent à proximité des cheminées.

Pour une bonne récupération, nous proposons le système suivant qu'nous allons appliquer pour chaque cheminée.

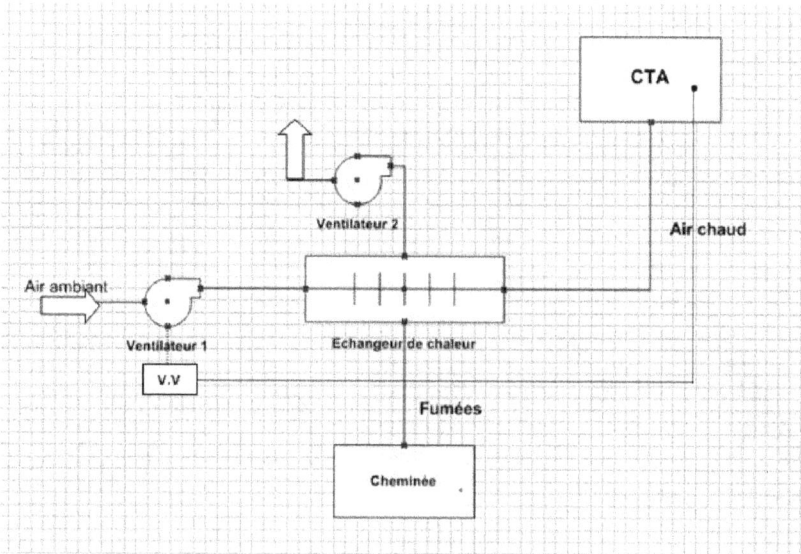

Figure 2.9 : *le système de récupération d'énergie*

Le système est composé de :

- Echangeur de chaleur
- Un ventilateur pour aspirer l'air ambiant et le refouler vers l'échangeur
- Un ventilateur en aval de l'échangeur qui permet d'aspirer les fumées sortant de l'échangeur
- Un variateur de vitesse pour régler le débit de l'air entrant au système.

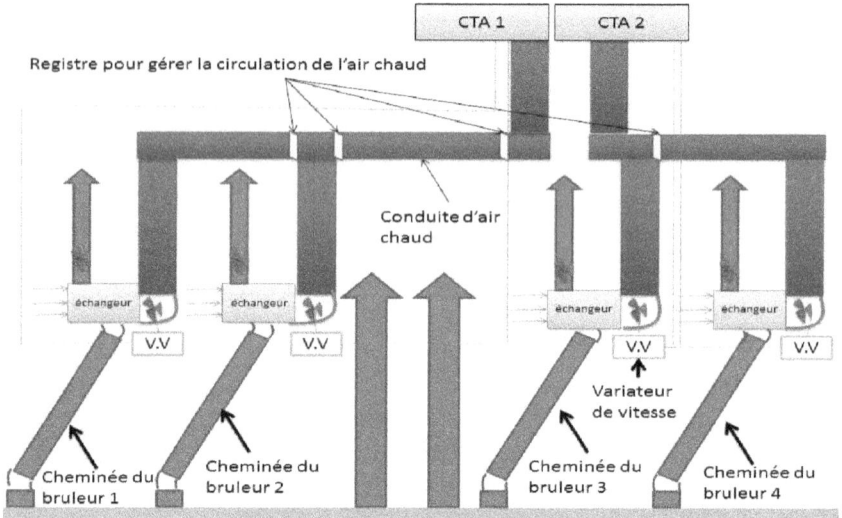

Figure 2.10 : *schéma de l'installation de récuperation d'énergie*

Conclusion :

Le but de ce chapitre est d'identifier les caractéristiques des CTA et de l'étuve. Après le bilan enthalpique que nous avons effectué sur les CTA et le bilan thermique sur les cheminées de l'étuve, nous avons pu quantifier l'énergie disponible (soutirée des cheminées). Ceci nous a permis de penser à réaliser une installation de récupération d'énergie thermique qui va satisfaire les besoin en énergie des CTA.

CHAPITRE 3 :

Dimensionnement de l'installation de récupération d'énergie

Introduction:

Nous avons identifié par le biais du bilan énergetique de la CTA des besoins en energie thermique, tandis qu'au niveau des cheminées on a remarqué une energie abandante pouvant satisfaire les demandes en energie de la CTA .

C'est la raison pour laquelle nous avons pensé à réaliser une étude sur une installation de récuperation d'energie ,des cheminées de l'étuve de la laque qui sera utilisée pour préchauffer l'air qui alimentera la CTA.

L'objectif du présent chapitre est le dimensonnement:

- des échangeurs
- des gaines
- des ventilateurs

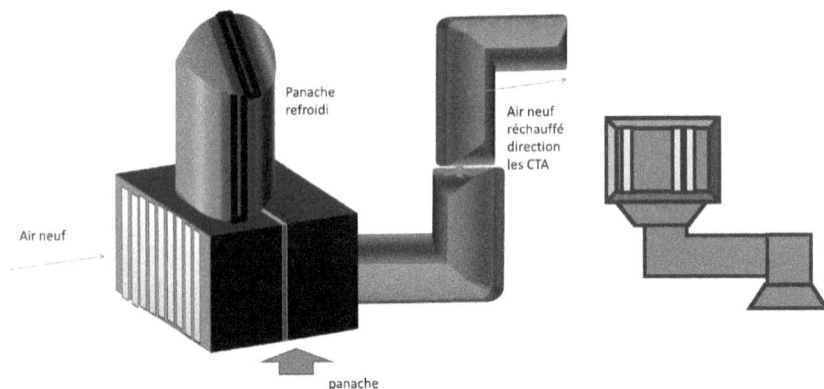

Figure 3.1 *:zoom sur la partie échangeur de l'installation*

3.1- L'échangeur de chaleur :

3.1.3- Choix de l'échangeur :

Dans les sociétés industrielles, l'échangeur de chaleur est un élément essentiel de toute politique de maîtrise de l'énergie. Une grande part (90 %) de l'énergie thermique utilisée dans les procédés industriels transite au moins une fois par un échangeur de chaleur, aussi bien dans les procédés eux-mêmes que dans les systèmes de récupération de l'énergie thermique de ces procédés. On les utilise principalement dans les secteurs de l'industrie (chimie, pétrochimie, sidérurgie, agroalimentaire, production d'énergie, etc.), du transport (automobile, aéronautique), mais aussi dans le secteur résidentiel et tertiaire (chauffage, climatisation, etc.).

Le choix d'un échangeur de chaleur, pour une application donnée, dépend de nombreux paramètres :
- Domaine de température et de pression des fluides,
- Propriétés physiques et agressivité de ces fluides,
- Maintenance et encombrement.

Il est évident que le fait de disposer d'un échangeur bien adapté, bien dimensionné, bien réalisé et bien utilisé permet un gain de rendement et d'énergie des procédés.

Pour notre système de récupération, on aura à utiliser un échangeur de chaleur air-air de type récupérateur.

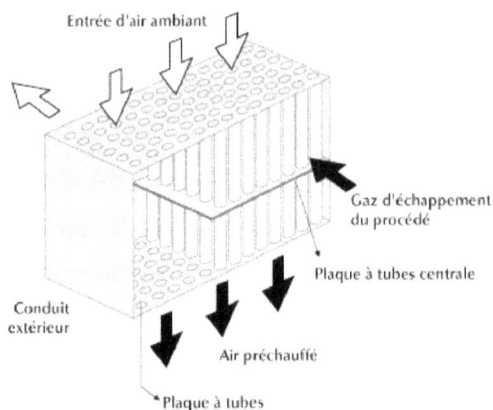

Figure 3.2:*le type d'échangeur de chaleur utilisé dans l'installation*

Cet échangeur présente plusieurs avantages :

- Une très bonne étanchéité entre les deux fluides : la jonction plaque centrale/caloducs peut être parfaitement étanche
- Une grande fiabilité
- La souplesse de conception
- L'isothermie des caloducs: permet d'éviter la corrosion dans l'échangeur
- De faibles pertes de pression: les deux fluides passent à l'extérieur du faisceau des caloducs
- Un entretien réduit : les caloducs sont des éléments passifs
- De faibles contraintes mécaniques : les caloducs sont fixés rigidement à la plaque centrale et seulement guidés aux extrémités. Ils sont donc bien adaptés aux installations soumises à des charges thermiques variables.

3.1.2- Dimensionnement de l'échangeur :

Selon le bilan enthalpique qu'on a effectué sur les CTA, on a remarqué que la quantité de chauffe augmente pendant le mois de **janvier**. On va donc dimensionner les échangeurs selon les données de ce mois.

La méthode de dimensionnement de cet échangeur sera la même que celle d'un aéroréfrigérants. Elle consiste à déterminer la surface d'échange et la température de l'air chauffé à la sortie de l'échangeur qui sont fonction de :

- La quantité de chaleur **Q** à éliminer
- Des températures d'entrée **T1** et de sortie **T2** du fluide à refroidir
- De la température **ta** d'entrée de l'air
- De la résistance globale **r** due au transfert et à l'encrassement

❖ **Calculs préliminaires**

Dans cette méthode, le dimensionnement de ce type d'échangeur supposent la connaissance ou le calcul des paramètres suivants :

- Rapport thermique :

$$R = \frac{T1 - T2}{T1 - Ta} \qquad (3.1)$$

T1	T2	Ta	R
220	70	12,8	0,723938224

Tableau 3.1 : *résultat de calcul du rapport thermique*

- La charge calorifique réduite :

$$S = \frac{Q \times 10^{-3}}{T1 - Ta} \qquad (3.2)$$

T1	Ta	Q(Kcal/h)	S
220	12.8	304068,277	1,46751099

Tableau 3.2 : *résultat de calcul de la charge calorifque*

Expression dans laquelle Q(Kcal/h) est fonction du débit horaire du fluide à refroidir de T1 à T2

- La résistence globale r :

$$r = r_i + r_d$$

-ri : résistance interne

-rd : résistance d'encrassement

Le combustible est un GPL ou « Gaz de Pétrole Liquéfiés », donc : (**ANNEXE 5 : tableau 1**)

-ri=0.0004

-rd=0.0002

D'où $r = 0.0006$

- Le coefficient d'échange global U (Kcal/h.m2.°C):

$$1U = ri + rd + rm + ra \qquad (3.3)$$

Expression dans laquelle :

rm: résistance au transfert due au métal qui est le plus souvent égale à 0.00015(h.m2.°C/Kcal).

ra : coefficient du film exterieur, c'est-à-dire de l'air. Le **tableau 2, ANNEXE 4** en fournit la valeur en fonction du nombre de rangées de tubes, lequel dépend lui-meme du rapport : T1−taU

Après un calcul par aproximation, on a obtenue :

- Nombre de rangées : **N= 8**
- Coefficient du film exterieur : **ra = 0.00121 h.m2.°C/Kcal**
- Vitesse faciale : **Vf = 2.48m/s**

- $0.13 < T1 - taU < 0.17$

Donc , le coefficient d'échange : **U= 510,20 Kcal/h.m2.°C**

Le résultat du calcul sera regroupé dans le **Tableau 3.3** :

R	r	K	S	Vf	U	rm	ra
0,72393822	0,0006	0,83	1,46751099	2,48	510,204081	0,00015	0,00121

Tableau 3.3 *: résultats des calculs préliminaires*

❖ **Calcul de la température de sortie de l'air chaud :th**

La température « th » est fonction de la puissance absorbée par le ventilateur et de la vitesse faciale de l'air d'après la relation suivante :

$$th = Q1061Vf + Pcv + ta \qquad (3.4)$$

- Q= la quantité d'énergie soutirée de la cheminée en Kcal/h
- Vf : la vitesse faciale de l'air en m/s
- Pcv : la puissance absorbée par le ventilateur en KW
- ta : la température d'entrée de l'air ambiant en °C

La puissance du ventillateur se calcule selon la relation suivante :

$$Pcv = K \times S \qquad (3.5)$$

- K : coefficient déterminé par la **Figure 1 ANNEXE 4** , en connaissant R et r. **K=0.83**
- S : charge calorifique réduite

Donc :

Pcv= 1.22 KW

Ainsi pour les mêmes dimensions de l'échangeur et en changeant la temperatue ambiante qui varie selon les mois, nous avons réussi à calculer la temperature le l'air préchauffé « Th » qui est illustré sur le Tableau 3.4.

ta(°C)		Q(Kcal/h)	Vf(m/s)	Pcv(KW)	th(°C)
Janvier	12,8				130
Fevrier	13,4				130,5
Mars	14,1				131,2
Avril	15,4	304 068,277	2.48	1.22	132,5
Mai	17,5				134,6
Octobre	19,2				136,3
Novembre	16,1				133,2
Décembre	13,5				130,6

Tableau 3.4 :*la temperature de sortie de l'air préchaufé pendant les mois de fonctionement de l'installation*

 ❖ **La surface d'échange A :**

La surface d'échange sera calculée selon la relation suivante :

$$A = QU \times LMTDcorrigée \qquad (3.6)$$

LMTD corrigée = LMTD × facteur correctif

Et :

$$DTML = \Delta Tg - \Delta Tp \ln(\Delta Tg \Delta Tp) \qquad (3.7)$$

- $\Delta Tg = T1 - ta$

- $\Delta Tp = T2 - th$

Le facteur correctif est déterminée par la **Figure 2 ANNEXE 4** en connaissant R et P, avec :

$R = \dfrac{T1 - T2}{T1 - Ta}$

$$P = \dfrac{th - ta}{T1 - Ta} \qquad (3.8)$$

L'ensemble des résultats pour le calcul de la LMTDc sera regroupé dans le **Tableau 3-4**

Coefficient de correction LMTD	LMTD	P	LMTD c
0,83	118,69	0,77	97,46

Tableau 3.5 :*résultat de calcul de la LMTDc*

On touve ainsi la surface d'echange présentée sur le **Tableau 3.6**

th*(°C)	N	L(m)	A (m2)
129.9	8	1,38	6,13

Tableau 3.6: *résultats du dimensionnement*

On choisira comme diamètre intérieur de tube 14 mm et le diamètre extérieur 19 mm et sachant bien qu'on a fixé la longueur des tubes à 1 m .Alors la surface occupée par un tube

$$Ai = \pi \times 19 \times 10 - 3 \times 1 \qquad (3.9)$$

$$Ai = 0{,}05966 \ m2$$

Ainsi le nombre de tubes est :

$$Nt = \dfrac{A}{Ai} \qquad (3.10)$$

Et le nombre de tubes par rangée est :

$$Nt/r = \dfrac{Nt}{N} \qquad (3.11)$$

En prenant compte des valeurs des surfaces calculées dans ce qui précède, on calculera dans le tableau 3-6 les valeurs de Nt et Nt/r

Cheminée	A (m2)	Ai (m2)	Nt	Nt/r
1, 2, 3, 4	6,13	0,06	96	12

Tableau 3.7 *:les dimensions de chaque échangeur de chaleur*

3.1.3- Dimensionement de la gaine :

Pour le calcul de la section de la gaine on doit tout d'abord calculer le débit d'air qui va traverser la gaine pour cela on utilisera l'équation suivante :

$$débit\ d'air\ (m3h) = QCp \times (th - ta) \qquad (3.12)$$

Ainsi   **Débit d'air = 2,75 m3/s**

Par la suite la section de la gaine sera :

$$section\ de\ la\ gaine(m2) = débit\ de\ l'air vitesse\ faciale$$

Ainsi la section de la gaine rectangulaire est illustré sur le **Tableau 3.8**

Débit (m3/s)	Débit (m3/h)	Vf (m/s)	section gaine (air)(m2)
2.75	9 914,60	2,48	1,11

Tableau 3.8 *:données de calcul de la section de la gaine*

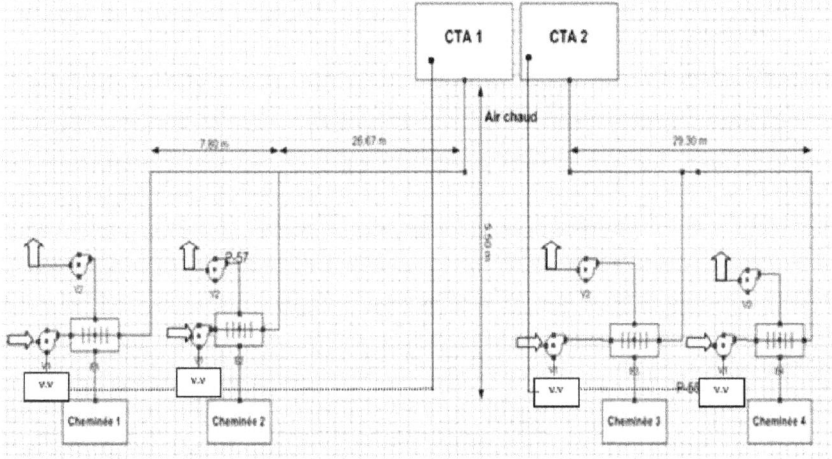

Figure 3.3 :*longueur des gaines*

3.1.4- Calcul des pertes de charges :

> **Calcul des pertes de charges régulières :**

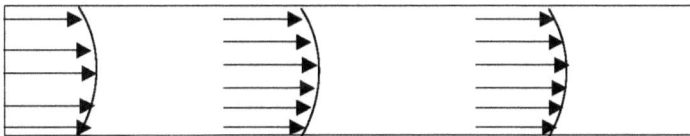

Figure 3.4 :*pertes de charges régulière*

Nous allons dans cette partie faire un calcul des pertes de charges régulières des gaines reliant l'échangeur aux cheminées et aux CTA.

La quantité des pertes de charge régulière obéit à l'équation suivante :

$$\Delta PL = \lambda(Re, \xi t) Dh \times \rho \times u22 \qquad (3.13)$$

- ΔPL : perte de charge linéaire (Pa/m)

- λ: coefficient de pertes de charge

- ρ : masse volumique du fluide (kg/m3)

- Re : nombre de Reynolds
- D_h : diamètre hydraulique (m)
- ξ_f : masse volumique du fluide (kg/m3)
- u : vitesse moyenne (m/s)

On débutera tout d'abord par calculer le nombre de Reynolds Re :

$$Re=\rho \times u \times L\mu \qquad (3.14)$$

Avec :

- μ : densité dynamique (Kg/m.s)
- L : longueur (m)

  Sachant bien que la masse volumique dépend de la température, comme le montre l'équation ρ s'écrit comme suite :

$$\rho=1.293 \times 273273+T$$

T (°C)	ρ (Kg/m3)	μ (KG/m.s)	u (m/s)	L (m)	Re
130	0,876	0,000025	2,48	63.77	92192,72
220	0,716	0,000025	12,56	1.5	233872,947

Tableau 3.9 : *donnée de calcul du nombre de Reynolds*

- **Perte de charge dans la gaine qui relie l'échangeur à la CTA :**

Nous avons trouvé que : $\qquad$ Re =92192,72>*105*

Le régime étant turbulent, nous travaillerons alors avec *l'équation de Blasius* qui représente la corrélation du calcul du coefficient de pertes de charges.

$$\lambda 0 = 0.3164\,Re14 \qquad (3.15)$$

$$1\sqrt{\lambda i} = -2 \times \log 10(2.51\,Re \times \sqrt{\lambda i - 1} + \xi t 3.71) \qquad (3.16)$$

Le but est de calculer $\lambda 0$ et de procéder par la suite par approximations successives jusqu'à ce que $\lambda i \approx \lambda i - 1$

λ	λ	λ	λ	λ
0,01815776	0,66147724	0,66082861	0,66082867	0,66082867

Ainsi on remarque que $\lambda 2 \approx \lambda 3$

Donc $\lambda = 0,66082861$

Ainsi

$$\Delta PL = \lambda Dh \times \rho \times u22 = 0.3164\,Re14 \times Dh \times \rho \times u22 \qquad (3.17)$$

$$\boldsymbol{\Delta PL} = 1{,}677 \text{(Pa/m)}$$

- **Perte de charge dans la gaine qui relie la cheminée avec l'échangeur :**

Nous avons trouvé que : $Re = 233872{,}947 > 105$

Le régime étant turbulent, nous procédons de la même manière avec *l'équation* (3.15) et (3.16) qui représentent la corrélation du calcul du coefficient de pertes de charges.

λ	λ	λ	λ	λ
0,0143877	0,66104403	0,66075063	0,66075064	0,66075064

Ainsi on remarque que $\lambda 2 \approx \lambda 3$

Donc

$\lambda = 0,66075064$

D'après l'équation (3.17), au aura :

$$\Delta PL = \quad . \quad \text{(Pa/m)}$$

> **Calcul de perte de charges singulières :**

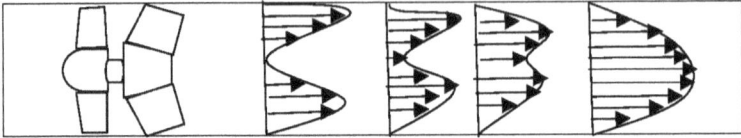

Figure 3.5 : *les pertes de charges singulières sont dues à la déformation du profil de vitesse*

Les pertes de charges singulières s'expriment par une équation analogue à la suivante :

$$\Delta P = \xi \times \rho \times U^2 2 \qquad (3.19)$$

• ξ: coefficient de perte de charge singulière (sans dimensions).

Le facteur ξ est donné soit par le constructeur de l'élément considéré, soit par des abaques ou des corrélations que l'on peut trouver dans des ouvrages spécialisées.

Pour un coude à 90°, arrondis et de section rectangulaire. Le grand coté est orienté selon le rayon de courbure

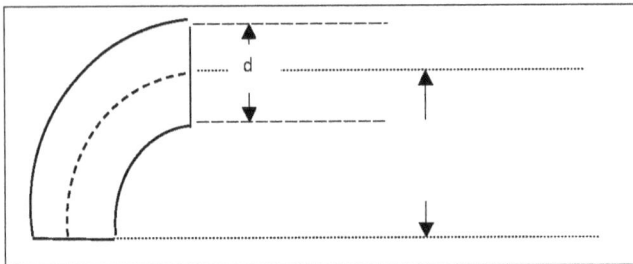

Figure 3.6 : *coude à section rectangulaire arrondi à 90°*

On regroupe ainsi les données dans le **Tableau 3.10**

RDh	ξ	ρ (Kg/m3)	U (m/s)
0,5	1,5	0,876	2,48
0,5	1,5	0,716	12,56

Tableau 3.10 : *données de calcul des pertes de charges singulières*

Ainsi la valeur des pertes de charges singulières est :

- Pour les fumées :

$$\Delta P = 84,71 \ Pa$$

- Pour l'air :

$$\Delta P = 4,04 \ Pa$$

3.1.5- Dimensionnement des ventilateurs :

3.1.5.1- Type du ventilateur :

Nous avons choisi pour notre installation un ventilateur centrifuge à aubes recourbées vers l'arrière parce qu'il a un meilleur rendement que les autres types de ventilateur. Leur surcoût est très rapidement rentabilisé par la diminution des consommations électriques. Ce surcoût de ventilateur sera généralement minime si on le compare au coût global d'une nouvelle installation de ventilation.

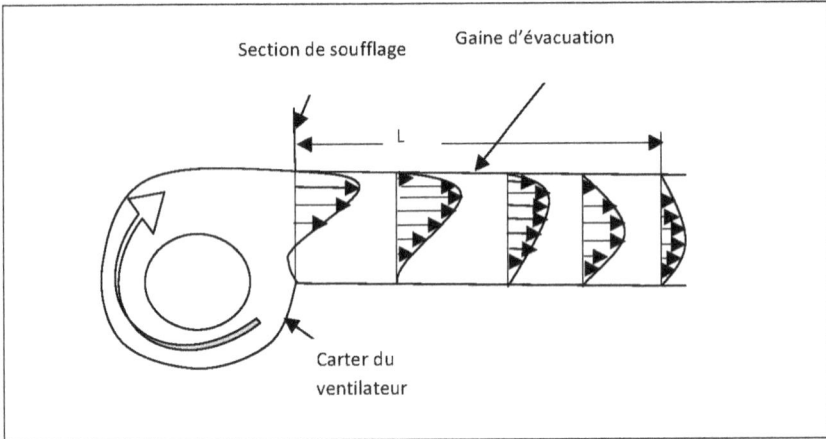

Figure 3.7 : *schéma d'un ventilateur centrifuge*

3.1.5.2- Energie mécanique fournie au fluide :

C'est la puissance hydraulique communiqué à l'air lors de son passage à travers le ventilateur.

Cette puissance mécanique est donnée par la formule suivante :

$$P = Q \times Hm \qquad (3.20)$$

- P : puissance transmise au fluide par le ventilateur en W
- Q : débit d'air en m3/s
- Hm : hauteur manométrique du ventilateur en Pa

Hm = pression dynamique **Pd** + pertes de charge **ΔP**

Les pertes de charges dans les gaines de l'air sont regroupées dans le **Tableau 3.11**

ventilateur	L de la gaine (m)	ΔP(Pa)
1	35	67.79
2	28	55.05
3	32	61,76
4	30	58,40

Tableau 3.11 : *Pertes de charge dans les gaines de l'air*

La pression dynamique se calcule selon la relation suivante

$$Pd = \rho \, V \qquad (3.21)$$

- ρ : masse volumique du fluide (kg/m3) $\rho = 0{,}8759$ Kg/m3 à 130°C
- V : vitesse de refoulement du ventilateur (m/s) V=2.48m/s

Pd=2.69 Pa

D'où la hauteur manométrique Hm :

ventilateur	Hm(Pa)
1	69,49
2	57,75
3	64,46
4	61,10

Tableau 3.12 : *La hauteur manométrique en Pa*

❖ **du côté de l'air ambiant :**

ventilateur	Hm(Pa)	Q (m3/s)	Pf(KW)
1	69,49	2,75	0,19
2	57,75	2,75	0,16
3	64,46	2,75	0,18
4	61,10	2,75	0,17

Tableau 3.13 : *la puissance fournie au fluide du coté de l'air en KW*

❖ **du coté des fumées :**

Hm(Pa)	Q (m3/s)	Pf(KW)
210,61	1,66	0,38

Tableau 3.14 : *la puissance fournie au fluide du coté des fumées en KW*

3.1.5.3- Rendement du ventilateur

Afin de déterminer le rendement du ventilateur, on doit déterminer le point de fonctionnement de celui-ci à l'aide des courbes caractéristiques suivantes :

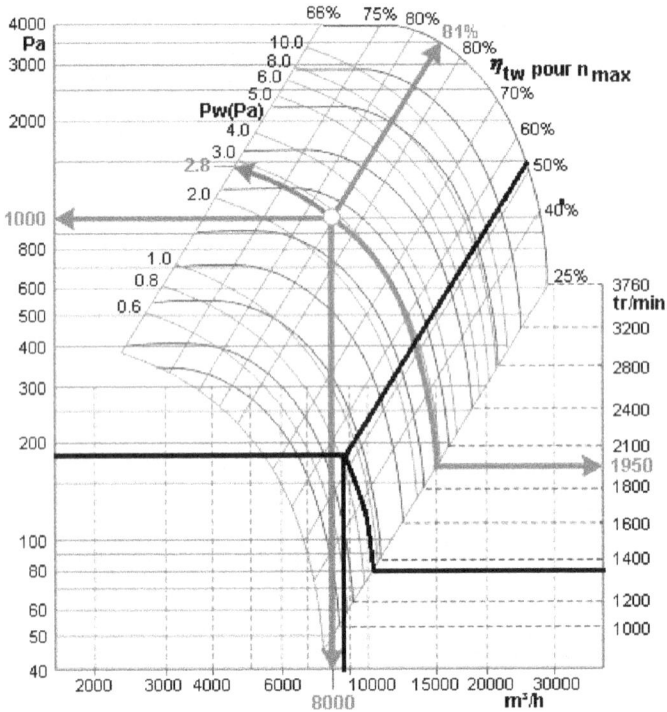

Figure 3.8 : *courbes caractéristiques d'un ventilateur centrifuge à aubes inclinées vers l'arrière.*

D'après cette courbe, le rendement du ventilateur est de :

❖ du coté de l'air :

ventilateur	η ventilateur
1	0,5
2	0,43
3	0,47
4	0,45

Tableau 3.15 : *rendement du ventilateur*

❖ du coté des fumées :

$$\eta = 73\%$$

3.1.5.4- Energie mécanique exprimée par le rendement du ventilateur :

C'est la puissance mesurée sur l'arbre du ventilateur.

L'énergie mécanique nécessaire à un ventilateur est toujours supérieure à l'énergie transmise au fluide par suite aux différents frottements des organes de rotation.

$$Pmec = P\eta \qquad (3.22)$$

❖ du coté de l'air:

ventilateur	Pmec (kW)
1	0,38
2	0,37
3	0,38
4	0,37

Tableau 3.16: *la puissance mécanique du ventilateur en KW*

❖ du coté des fumées :

$$Pmec = 0,70 \ KW$$

3.1.5.5- Energie utile absorbé par l'arbre du moteur

C'est l'énergie électrique exprimée par la relation suivante :

$$Pelectrique = Pmec \eta entrainement \qquad (3.23)$$

$$\eta = 1 - perte\ par\ transmission \qquad (3.24)$$

Or, les pertes par transmission sont obtenues à partir de la **Table 1 ANNEXE4**

❖ du coté de l'air :

ventilateur	Pmec (Cv)	perte par transmission	η entrainement	P électrique (KW)
1	0,51	0,25	0,75	0,51
2	0,49	0,22	0,78	0,47
3	0,51	0,24	0,76	0,49
4	0,50	0,22	0,78	0,48

Tableau 3.17 *: La puissance électrique du ventilateur du coté de l'air*

❖ du coté des fumées :

Pmec (Cv)	perte par transmission	η entrainement	P électrique (KW)
0,94	0,17	0,83	0,84

Tableau 3.18 *: La puissance électrique du ventilateur du coté des fumées*

Avec :

$$Pmec\ (cv) = Pmec\ (KW)\ /0.7457 \qquad (3.25)$$

3.1.5.6- Consommation énergie électrique :

On calcule la consommation électrique du ventilateur par la relation suivante :

$$P = P\acute{e}lectrique\ \eta moteur \qquad (3.26)$$

On prend un rendement du moteur de 0.95

❖ du coté de l'air :

ventilateur	P(KW)
1	0,54
2	0,50
3	0,52
4	0,50

Tableau 3.19 : *la puissance électrique consommée par le ventilateur du coté de l'air en KW*

❖ du coté des fumées :

P=0.89 KW

Conclusion :

Le but de ce chapitre est le dimensionnement des différents élements du système de récupération d'énergie (échangeurs, ventilateurs et gaines).

- L'échangeur qu'on va utiliser est un échageur de type récupérateur, il aura une surface d'échange de 6,13 m2, avce 8 rangées de tubes. Puisque les 4 cheminées ont le meme débit, les echangeurs auront les meme dimensions.
- La gaine sera rectangulaire d'une section de 1.11 m2
- Le ventilateur qu'on a choisit est un ventilateur centrifuge à aubes recourbées vers l'arrière, d'une puissance de 0.52 KW en moyenne, pour les ventilateurs de l'air. Quant aux ventilateurs des fumées, ils auront une puissance électrique de 0.89 KW

CHAPITRE 4 :

Evaluation économique de l'installation

4.1. Consommation de GPL dans les CTA :

Avant de commencer le calcul de la rentabilité, nous devons tout d'abord chiffrer la quantité de GPL consommée dans les trois CTA. Elle sera représentée sur la figure 4-1 qui modélisera la consommation mensuelle en KWh corrélée à la courbe des températures

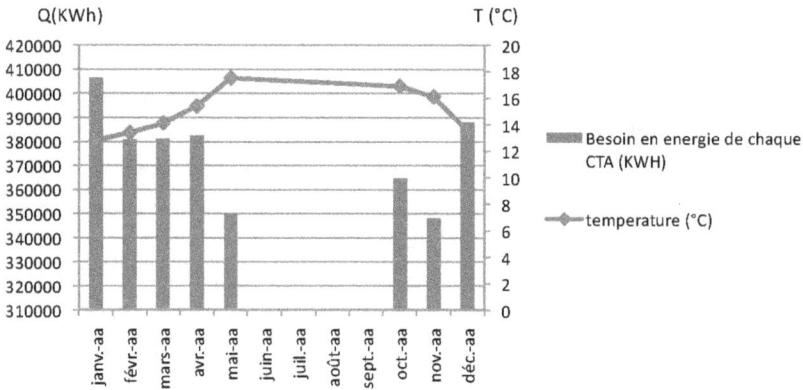

Figure 4-1 : courbe de consommation de GPL dans les 3 CTA en Kg

La consommation de propane-butane mensuelle de l'usine est donnée dans le **Tableau 4-1**. la consommation de propane-butane au niveau des 3 CTA s'élève à 38% de la consommation de l'usine.

Le coût mensuel de propane/butane est donc de :

cout=0.38×cout de consomation de GPL dans l'usine

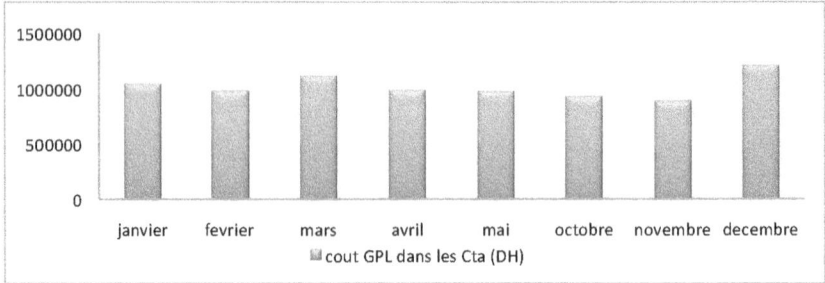

Figure 4-2 : *courbe du cout de consommation de GPL dans les CTA*

4.2. Calcul de gain mensuel :

D'après les calculs réalisés dans les chapitres précédents, nous avons estimé le besoin annuel d'énergie « Q » d'une CTA (tableau 4-1), sachant que le bruleur fonctionne pendant 8 mois et que les 3 CTA sont identiques. Le besoin de chaleur est de :

$$QT{=}3{\times}Q$$

	Janv.11	Févr.11	Mars.11	Avr.11	Mai.11	Oct.11	Nov.11	Déc.11
Q (KWh)	406 310	380 882	381 048	382 536	349 843	364 707	348 268	388 155
QT (KWh)	1218929	1142646	1143143	1147607	1049528	1094122	1044804	1164464

Tableau 21 : *besoin en énergie mensuel d'une CTA*

Tandis que pour les cheminées nous avons pu en soutirer

Cheminée	quantité de chaleur soutirée de la fumée mensuellement (KWh)
1 ,2 ,3 ,4	1 023 502

Tableau 222 : *quantités d''énergie soutirée des cheminées de l'étuve de la laque en KWh*

La quantité d'énergie récupérée des 4 cheminées pendant 8 mois est de :

$$QC{=}8{\times}1\ 421,53{=}11\ 372,24\ \text{KW}$$

Ce qui nous donne un ratio mensuel d'énergie représenté sur le **tableau 4-3**

	Janv.11	Févr.11	Mars.11	Avr.11	Mai.11	Oct.11	Nov.11	Déc.11
QT (KWh)	1218929	1142646	1143143	1147607	1049528	1094122	1044804	1164464
Q ch (KWh)	1023502	1023502	1023502	1023502	1023502	1023502	1023502	1023502
Γ	0,84	0,89	0,89	0,89	0,97	0,94	0,98	0,88

Tableau 23 : *calcul du ratio*

$$\Gamma = \frac{QCh}{QT}$$

On conclut alors que le gain rapporté par cette installation est de :

$$gain = cout - cout \times \Gamma$$

Ce gain est alors représenté dans le tableau 4-4 pour chaque mois de fonctionnement des bruleurs des CTA

	Janv.11	Févr.11	Mars.11	Avr.11	Mai.11	Oct.11	Nov.11	Déc.11
Γ	0,84	0,90	0,89	0,89	0,97	0,93	0,98	0,88
cout (DH)	1 041763	976 307	976 121	979 709	894 301	925 954	884 229	994 472
gain (DH)	167 023	101 800	102 161	105 948	22 177	59765,6	18 028	120 384

Tableau 244 : *gain en dirham de la consommation de GPL dans les CTA*

4.3. Les émissions en CO2 :

La quantité de combustible qui est capable de générer l'énergie récupérée est de

$$q = 94\ 175,\ 53\ Kg$$

Nous aurons alors réduit les émissions en CO2 d'une quantité de:

$$q_{CO2} = 364\ 459.2\ Kg$$

4.4. Estimation du prix de l'échangeur :

Le prix est calculé par la formule de base suivante :

prix corrigé=prix de base × fe× fp× fl× fN× fm

Avec :

fe: Facteur correctif des caractéristiques de l'épaisseur des tubes de l'échangeur.

fl: Facteur correctif de longueur de tube.

fp: Facteur correctif de pression dans la calandre et les tubes.

fN: Facteur correctif de nombre de rangée.

fm: Facteur caractéristique de la nature des matériaux employés.

4.4.1. Calcul du facteur *fe*:

D'après les tableaux des facteurs correctifs, ANNEXE 5 : pour un diamètre de 19.05 mm extérieur des tubes on a l'épaisseur des tubes est de 2.77 mm et que *fe* = 1

4.4.2. Calcul du facteur *fp*:

Pour une pression qui ne dépasse pas les 10 Bar et d'après le tableau (A III 4 –b), on a donc

$$fp=1$$

4.4.3. Calcul du facteur *fl*:

Pour une longueur de 1 m des tubes de l'échangeur on retient du tableau (A III 4-c) que

$$fp=1.20$$

4.4.4. Calcul du facteur *fN*:

Nous avons vu dans le chapitre précédant que le nombre de rangées des tubes de l'échangeur est quatre (N=4). En se référant au tableau (A III 4-d) on obtient

$$fN = 1.15$$

4.4.5. Calcul du facteur fm:

Nous avons opté pour des tubes de l'échangeur en matière inox 304. Alors nous aurons

$$fm = 2.20$$

échangeurs	A (m2)	A (ft2)	prix de base (US $)	fe	fp	fl	fN	prix corrigé (US $)
1, 2, 3, 4	6,11	64,	14 000	1	1	1,2	1,15	19 320

Tableau 255 : *prix corrigé de l'échangeur en US $*

$$prix\ actualisé = prix\ corrigé \times \frac{index\ d'actualisation\ 2012}{index\ d'actualisation\ 2007}$$

D'après*Chemical engineering* on a:

- Index 2012 = 588.8
- Index 2007 = 525.4

Ainsi on peut retrouver le prix actualisé de l'année 2012

Echangeur	prix corrigé (US $)	Index 2007	Index 2012	prix actualisé (US $)
1, 2, 3, 4	19 320	525,4	588,8	21 651,3

Tableau 266 : *prix actualisé de l'échangeur en US $*

Donc le prix en MAD des quatre échangeurs est de : **760 544,16 MAD**

4.5. Estimation du prix des ventilateurs :

Dans le cadre de notre évaluation économique, nous avons contacté une entreprise (AERIA) qui commercialise des équipements aéraulique (CTA, VENTILATEURS, ...) pour avoir un devis des ventilateurs (Voir ANNEXE 6), que nous allons installer.

Le prix proposé par l'entreprise pour chaque ventilateur s'élève à : 5 600 MAD

Soit un prix des quatre ventilateurs de: 22 400 MAD

4.6. Estimation du prix de la gaine du système :

Pour une gaine calorifugée, le prix du mètre carré de la surface latérale est de 250 MAD

	gaine collectrice	gaine d'alimentation
largeur (m)	1,3	1,3
hauteur (m)	1	1
longueur (m)	63,77	1,5
surface latérale (m2)	293,3	6,9
prix du m2 (DH)	250	250
prix de notre gaine (DH)	73 335,5	1 725

Tableau 277 : prix de la gaine

Ainsi le prix du circuit de la gaine s'élève à : 75 060,5 MAD

Donc le prix de toute l'installation est de :

prix du circuit de gaine	75 060,5
prix de ventilateurs	22 400
prix des échangeurs	760 544,2
prix de l'installation	858 004,66

Tableau 288 : prix de l'installation

Nous devons prendre en considération les frais de maintenance, et de l'électricité

Les frais de maintenance (FM) sont :

FM =prix de l'installation×0.1

FM =85 801 MAD

En ce qui concerne les frais d'électricité, nous allons déterminer la puissance électrique (KWh) des 8 ventilateurs durant le fonctionnement des CTA.

Le prix de chaque KWh consommé est en moyenne de 0.7 MAD, ce qui nous donne une valeur de :

$$CE = 1\ 309\ MAD$$

L'investissement est de :

$$I =prix\ de\ l'installation+CE+FM$$

$$I =945\ 114\ MAD$$

4.7. Etude de la rentabilité du projet :

a. Calcul de l'amortissement :

On essayera de faire notre calcul pour amortir le prix de l'installation pour une durée de 5 ans.

Amortissement annuel = prix actualisé$nombre\ d'années$

Echangeur	prix actualisé (MAD)	Amortissement annuel
1, 2, 3, 4	945 113,45	189 022,69

Tableau 299 : *amortissement annuel*

L'amortissement mensuel se calcul suivant la formule suivante :

Amortissement annuel = prix actualisé*nombre de mois*=prix actualisé5×8

Vu que la consommation en propane ne se fait que durant 8 mois, les bruleurs sont éteints pendant tout l'été

Echangeurs	prix actualisé	amortissement mensuel
1 ,2 ,3 ,4	945 113,45	23 628

Tableau 300 *: amortissement mensuel*

b. Calcul de Valeur Actuelle Nette (VAN)

Le calcul de la valeur actuelle nette pondérée par un taux d'actualisation nous permet d'évaluer la valeur présente d'un flux monétaire futur. Ce taux repose sur le risque de l'inflation qui est supporté par l'investisseur.

La formule de l'actualisation est $V0=Vn(1+t)-n$

- V0 : La valeur actuelle
- Vn : La valeur de la période n
- t : Le taux d'actualisation qui est de 10%
- n : Le nombre de périodes

Un investissement est rentable si la VAN des flux nets ou recettes nettes d'exploitation est positive. Le calcul de la VAN se fait avec la formule suivante :

$VAN=i=0nRi(1+t)-i-I$

Avec Ri La recette nette ou flux net relative à la période i

La capacité d'autofinancement d'exploitation est égale aux recettes nettes d'exploitation après déduction des impôts. Elle est évaluée chaque année à partir de l'année 1 et pendant toute la durée de vie de l'investissement

Mois	Janv.	Fév.	Mar.	Avr.	Mai	Oct.	Nov.	Déc.
V0	167023	101800	102161	105948	22177	59766	18028	120384
V1	183725	111980	112377	116543	24394	65742	19831	132422
V2	202097	123178	123615	128197	26834	72316	21814	145665
V3	222307	135496	135976	141017	29517	79548	23995	160231
V4	244538	149045	149574	155118	32469	87503	26395	176254
V5	268991	163950	164531	170630	35716	96253	29034	193880

Tableau 311 : *valeur actualisées*

$$VAN = 2\ 628\ 425,16\ MAD$$

c. **Indice de profitabilité (IP) :**

Il exprime le rapport entre les flux nets de trésorerie actualisés et le montant d'investissement

IP=flux net de trésorerie actualisémontant d'investissement

Ip =2 628 425,16   , =2.78>1

Donc l'investissement est rentable

d. **Retour sur investissement (RI)**

Il s'agit de déterminer le temps nécessaire pour récupérer les charges de l'investissement au début de projet, sachant que le capital de l'investissement initial s'élève à 858 KMAD (858004,66MAD). A partir du tableau, nous constatons que le retour sur investissement se réalisera au cours de la deuxième année

Périodes	1	2	3	4	5
Flux nets de trésorerie	767 015	843 716	928 088	1 020 896	1 122 986
Flux nets de trésorerie cumulés	767 015	1 610 730,57	2 538 818,19	3 559 714,57	4 682 700,59

Tableau 322 : *flux nets de trésorerie actualisés*

Plus précisément :

RI=12 mois*investissement *gain*

Le retour sur investissement sera réalisé au 14éme mois à partir de la date de début d'exploitation.

Conclusion générale

L'économie d'énergie a été depuis longtemps le souci de tous les pays du monde entier. Les réserves en combustibles diminuent de plus en plus vu la consommation qui ne cesse d'augmenter.

Cela a incité le monde socio-économique d'une manière général et les industriels en particulier, à être sensibilisé vis-à-vis ce problème et ainsi de devoir réagir en conséquence et ce en intégrant les mesures nécessaires pour la rationalisation voir l'optimisation de la consommation énergétique. SOMACA a entamé dans ce sens, un programme pour venir à bout de ce problème. Ainsi, notre travail s'inscrit dans ce contexte, il a pour but de récupérer l'énergie dissipée et de diminuer la consommation de combustible.

Bibliographie

[1] Installations de peinture-Aéraulique des cabines de peinture-Initiation à la mesure-RENAULT

[2] Installation de peinture, Etuves de cuisson, l'Essentiel- RENAULT

[3] Dimensionnement des échangeurs- Techniques de l'ingénieur

[3] Ventilateurs et pompes- série de la gestion de l'énergie

[4] Stanley M. Walas – Chemical Process Equipment – Selection and Design

[5] Alain CHAUVEL – Manuel Evaluation économique des procédés

[6] A. TOUZANI, « cours de l'évaluation technico-économique des procédés ».EMI RABAT. 2012

[7] http://www.matche.com/EquipCost/index.htm

ANNEXE 1 :

❖ **Méthode de mesure du debit des cheminées :**

Un débit d'air normalisé est un débit instantané mesuré :

- A la température et à la pression statique du conduit dans lequel la mesure est effectuée,
- A la pression atmosphérique sur le site et sur la période de mesure et qui est ramené à une température de 273,15 K (0°C) et à une pression d'équilibre (équilibre théorique entre l'anticyclone et la dépression) au niveau de la mer. Au niveau "0 mètre" d'altitude" (la mer), cet équilibre est de 101325 Pa. (Ou 1013,25 hPa en météorologie).

Le passage du débit instantané mesuré en débit d'air normalisé se fait avec la formule ci-dessous

N.B : Par commodité et pour simplifier le calcul, on prendra 273 au lieu de 273,15.

On a alors :

$$\text{Débit normalisé} = \text{débit instantanné mesuré} \times \frac{\text{Pression atmosphérique} + \text{Pression statique du conduit}}{101325} \times \frac{273}{273+T}$$

- Le débit d'air mesuré est en : m3/h
- La pression atmosphérique en Pa, au moment de la mesure 101325 est le coefficient qui permet de ramener la pression au niveau «O mètre » d'altitude mer).
- T : température en °C de l'air dans le conduit au moment de la mesure

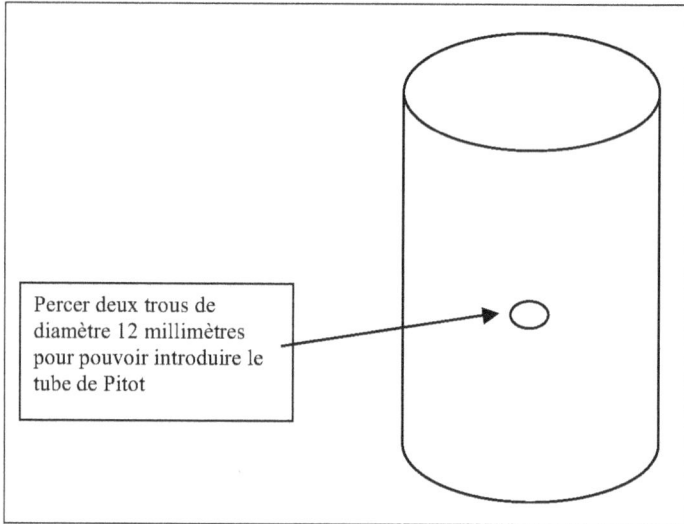

Percer deux trous de diamètre 12 millimètres pour pouvoir introduire le tube de Pitot

Figure 1 : perçage de la cheminée

Il y'a 3 points de mesure par rayon en partant de la paroi, tels que :

- point $i1 = 0{,}3207*Di$
- point $i2 = 0{,}1349 *Di$
- point $i3 = 0{,}0321*Di$

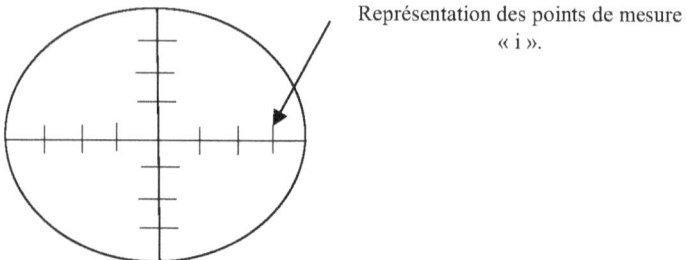

Représentation des points de mesure « i ».

Figure 2 : *les points de mesure de l'appareil*

Les mesures sont enregistrées obligatoirement avec un capteur de pression et un tube de Pitot.

- **Description et principe de fonctionnement d'un tube de Pitot :**

C'est un tube en forme de canne, avec une prise de pression totale (dans l'axe du tube) et une prise de pression statique (perpendiculaire au tube). Il permet de mesurer la pression dynamique d'un fluide et d'en déterminer sa vitesse en m/s.

Le tube de Pitot est introduit perpendiculairement dans le conduit par des trous percés dans la paroi (**Figure 2.8**) à des points déterminés à l'avance (normalisés).

L'antenne composée de l'étrave ellipsoïdale est maintenue parallèlement et face au flux à contrôler. La pression totale (+) captée par l'étrave est reliée au signe « + » du manomètre.

La pression statique (-) captée par les petits trous situés en périphérie de l'antenne est reliée au signe « - » du manomètre. L'appareil indique alors la pression dynamique, parfois appelée *« pression de vitesse »*.

La pression dynamique correspond à la différence entre la pression totale et la pression statique :

$$Pd = Pt - Ps.$$

- **Recommandations pour la réalisation de mesures avec un tube de Pitot :**

On convertit la pression enregistrée en Pa en m/s par la formule suivante :

$$Vi = \times PD Ro\ air$$

- Vi : Vitesse d'air instantanée (à la température, à la pression dans le conduit et aux conditions atmosphériques).
- Ro air = densité du fluide aux conditions (sans dimension),
  Ro air = 1,293 kg/m3 x [273,15 / (273,15 + T°C air)] / 1 kg/m3
  1,293kg = masse d'1 volume d'air d'1 m3 à 0°C et à la pression atmosphérique de 101325 Pa.
- Pd = Pression dynamique ou différentielle exprimée en Pascals (Pa). On l'appelle également « pression de vitesses ».

Dans un conduit d'extraction de cabine de peintures, ou de cires, etc...., on ne doit jamais mesurer les vitesses d'air avec un anémomètre à hélice (ou un fil chaud) car les particules de peintures « collantes » non arrêtées par les systèmes de lavage d'air (cabines avec sol humide ou laveur) ou filtrants, endommageraient l'appareil et la mesure serait faussée.

1. Pour les vitesses d'air enregistrées dans des conduits propres (telle que des gaines de soufflage en aval de CTA), CTA, cabines, etc....), on peut utiliser un anémomètre à hélice, un fil chaud ou un tube de Pitot.

2. On veille à utiliser les appareils dans leur plage de mesure, (se référer à la notice des fabricants).

Nota : La section frontale de l'appareil de mesure doit perturber le moins possible le flux d'air. Elle doit être environ 100 fois plus petite que la section du conduit dans lequel on effectue la mesure de vitesses d'air.

3. On doit choisir ses appareils de mesures en fonction de la plage de mesures dans laquelle ils vont « travailler ».

4. Les appareils doivent être étalonnés (10 points minimum sur la plage de mesure de l'appareil dont 4 points sur la plage « basse » d'utilisation). Ex. : si, avec un anémomètre à hélice de diamètre 100mm, on mesure souvent des vitesses d'air comprises entre 0,15 et 1 m/s, on spécifie que l'on souhaite en priorité un étalonnage pour 0,15m/s puis 0,3 m/s puis 0,5 m/s puis 0,7 m/s, puis 1 m/s.

Les autres contrôles peuvent être réalisés pour 2 m/s, 4 m/s, 7 m/s, 10 m/s, 14 m/s une fois par an.

Lors d'analyse de mesures, les vitesses d'air Vi (Vitesses instantanées) enregistrées lors des mesures, doivent être corrigées en fonction des valeurs indiquées sur le rapport d'étalonnage (si nécessaire). Les valeurs Vi deviennent alors Vc (Valeurs corrigées) ou Vr (Valeurs réelles)

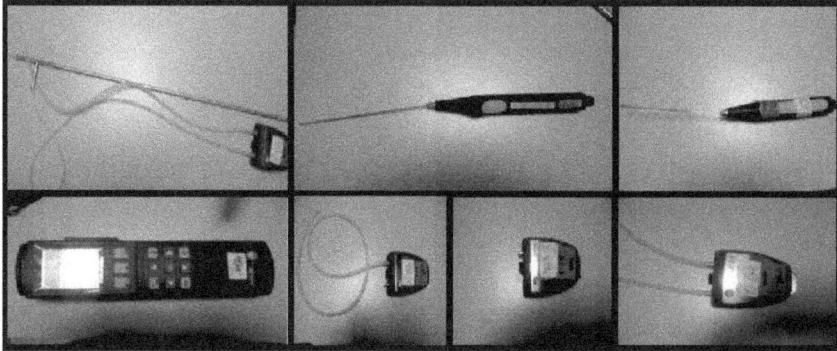

Figure 3 : Photos des différents éléments de l'appareil

Nota :

- Pour les mesures de débits, vitesses d'air, pressions, températures, débits dans les gaines d'extraction d'étuves, attention aux risques de brûlures
- Pour les mesures en hauteur, sur des échelles ou autre escabeau, il faut faire attention aux risques de chute. Il est souhaitable de s'assurer en s'accrochant à un point d'encrage fixe.

ANNEXE 2 :

❖ Calcul du pourcentage de H2O :

Pour calculer le pourcentage de la vapeur d'eau dans les fumées des cheminées, on va procéder comme suit :

On a

$$H_2O = 100*Pvap/p_{ah}$$

Avec :

→ P_{vap} est la pression partielle de vapeur d'eau
→ p_{ah} la pression de l'air humide (donc la pression totale ou la pression atmosphérique).

On a aussi :

$$humidité\ relative = \frac{p_{vap}}{p_{sat}(T)} \times 100\%$$

D'après l'analyse de fumées qu'on a effectuée, on a trouvé : **Humidité relative =50%**

Donc :

$$Pvap = Psat * 0.5$$

Pour des températures plus élevées, on pourra utiliser la formule de Duperray (écart de 0,12 à 7,7% sur la plage de 90 à 300 °C) :

Psat=(T100)4

Avec :

- P_{sat} : pression de vapeur saturante de l'eau, en atmosphère
- T: température, en °C

Pour T= 220 °C, on aura :

T (°C)	220
Psat (atm)	23,4256
Pvap	11,7128

Ainsi on peut calculer le pourcentage H2O

T (°C)	O_2(%)	CO_2(%)	N(%)	H_2O(%)
220	4,7	10,6	73,2197	11,4803

ANNEXE 3 :

❖ **Les coefficients de l'azote :**

❖ **Les coefficients de l'oxygène :**

❖ **Les coefficients du dioxyde de carbone :**

❖ **Les coefficients de la vapeur d'eau**

On peut regrouper les résultats dans le tableau suivant :

	O2	CO2	N2	H2O
A	3,639	5,457	3,28	3,47
B	0,000506	0,001045	0,000593	0,00145
C	0	0	0	0
D	-22700	-1,16E+05	4000	12100
E	0	0	0	0

Tableau 1 : coefficients de l'equation de Cp(T) pour chaque élement de la fumée

Ainsi on peut calculer la capacité thermique pour chaque élements à T= 220°C

T (°C)	T(K)	Cp (kJ/Kg.K)			
		O2	CO2	N	H2O
220	493	1,08800479	1,58	1,03	1,21402582

Tableau 2 : capacité thermique des différents éléments de la fumée des cheminées de l'étuve laque

En multipliant la capacité thermique de chaque élément par son pourcentage dans la fumée, on obtient la capacité totale :

T (°C)	O2(%)	CO2(%)	N(%)	H2O(%)	Cp (KJ/Kg.K)
220	4,7	10,6	72,9872	11,7128	1,111301813

Tableau 3 : capacité thermique de la fumée des cheminées

ANNEXE 4 :

EVALUATION DE LA PERTE PAR TRANSMISSION
TABLE 1

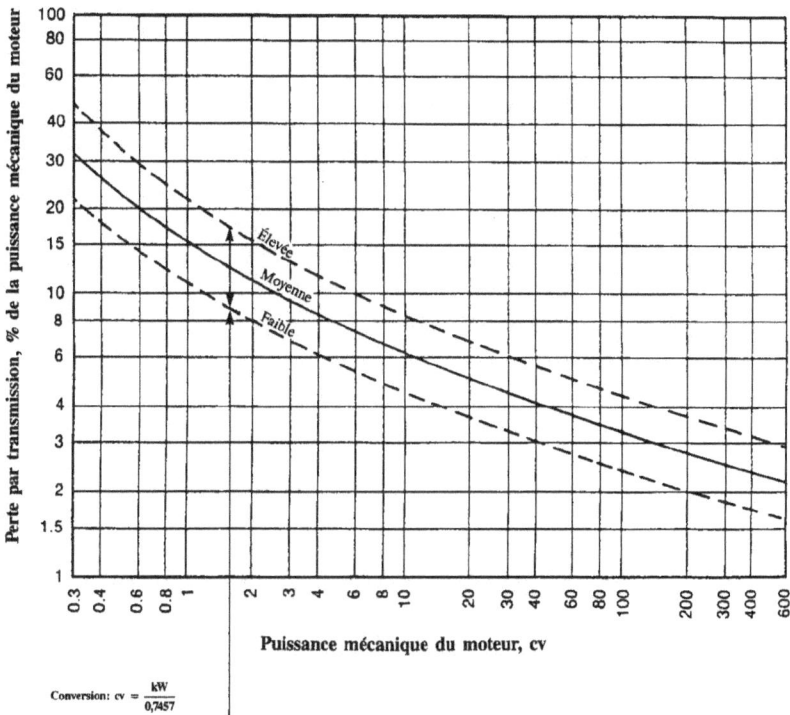

Puissance mécanique du moteur, cv

Conversion: $cv = \dfrac{kW}{0,7457}$

— Gamme de perte par transmission
Les ventilateurs à vitesse élevé sont
sujet à de plus grosses pertes que les
ventilateurs à vitesse abaissé avec
la même puissance.

ANNEXE 5 :

	Coefficient de film r_i	Coefficient d'encrassement r_d	r (h·m²·°C/kcal)
Réfrigération :			
eau	0,00016	0,0002	0,00036
solutions aqueuses	0,0002	0,0004	0,0006
GPL	0,0004	0,0002	0,0006
hydrocarbures légers	0,0005	0,0003	0,0008
hydrocarbures moyen :			
viscosité moyenne 1 cPo	0,0010	0,0004	0,0014
viscosité moyenne 5 cPo	0,0032	0,0006	0,0038
viscosité moyenne 10 cPo	0,0050	0,0008	0,0058
Condensation :			
vapeur	0,0002	0,0001	0,0003
ammoniac	0,00028	0,0002	0,00048
GPL	0,0006	0,0002	0,0008
hydrocarbures légers	0,0008	0,0003	0,0011
naphta léger	0,0010	0,0004	0,0014
naphta lourd	0,0014	0,0004	0,0018
essence	0,0008	0,0002	0,0010
gas oil	0,0014	0,0004	0,0018

Tableau 1 : *valeur de r pour divers fluides*

$\dfrac{T_1 - t_a}{U}$	Nombre de rangées N	Coefficient de film extérieur r_a (h.m².°C/kcal)	Vitesse faciale de l'air V_f (m/s)
$(T_1 - t_a)/U < 0,13$	3	0,00096	3,20
$0,13 < (T_1 - t_a)/U < 0,17$	4	0,00102	3,02
$0,17 < (T_1 - t_a)/U < 0,22$	5	0,00107	2,87
$0,22 < (T_1 - t_a)/U < 0,28$	6	0,00112	2,74
$0,28 < (T_1 - t_a)/U < 0,36$	7	0,00118	2,58
$0,36 < (T_1 - t_a)/U < 0,46$	8	0,00121	2,48
$0,46 < (T_1 - t_a)/U < 0,58$	9	0,00125	2,38
$0,58 < (T_1 - t_a)/U < 0,73$	10	0,00128	2,26
$0,73 < (T_1 - t_a)/U$	11	0,00132	2,16

Tableau 2 : *coefficient du film extérieur et vitesse faciale de l'air*

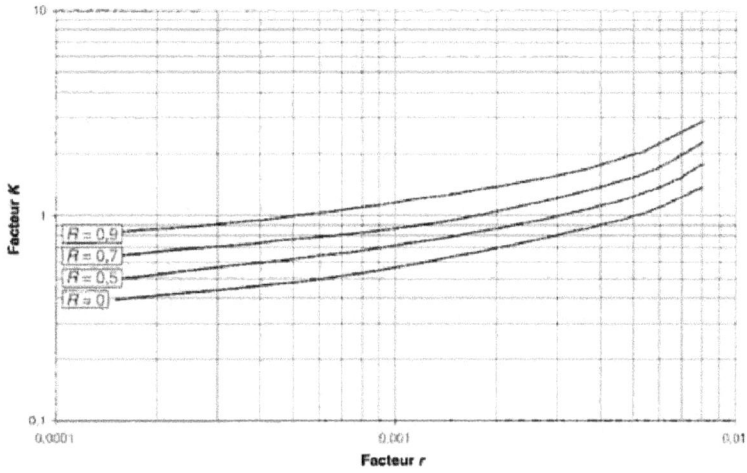

Figure 1 : *détermination de K en fonction de R et r*

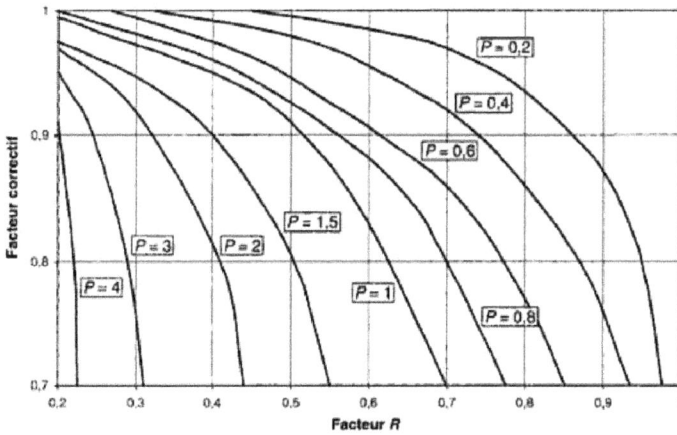

Figure 2 : *Facteur correctif de LMTD*

Facteur correctif

Tableau (a)

Epaisseur des tubes (mm)	BWG	F
2.77	12	1
2.11	14	0.9
1.65	16	0.8
1.24	18	0.7

Tableau (b)

Pression (bar)	Fp
10<	1.00
10 à 20	1.03
20 à 30	1.06
30 à 50	1.10
50 à 75	1.13
75 à 100	1.15
100 à 150	1.20

Tableau (C)

Longueur des tubes (m)	Fl
12	0.90
10	1.00
8	1.05
6	1.12
5	1.15

Tableau (D)

Nombre de rangé	Fn
3	1.25
4	1.15
5	1.05
6	1.00
8	0.90
10	0.85

Tableau (E)

Matériau des tubes	Fm
Acier ordinaire	1.00
Aluminium 3 S	1.30
Laiton d'aluminium	1.50
Inox 304	2.20
Inox 321	2.50
Inox 316	3.00
Monel	3.20

ANNEXE 6 :

OFFRE DE PRIX SYSTEMAIR

Désignation des articles	Qté	Modèle	Prix Unitaire	Prix Total
Ventilateur Centrifuge				
2.75 m3-h	4	KVB 15-15 1.5 KW	5600	22400
Gaine calorifuge ML	1	KF 100	250	250
			Total HT	22650

Salutations

Najat BOUCHOUARI

Back office Ventilation et Désenfumage

REFERENCE

Client
Job Reference
Unit Reference
Quantity

INPUT PARAMETERS

Air Volume (m³/h)	9900	Available Static Pressure (Pa)	100.00		
Air Temperature (°C)	20	Altitude (m)	0	Sound Pressure Level Distance (m)	1.5

CALCULATED VALUES

Box Fan Model	KVB	Unit Size	15/15	BPR Code	-
Air Volume (m³/h)	9900	Calculated Static Pressure (Pa)	100.10	Total Pressure (Pa)	225.71
Speed (RPM)	560	Efficiency (%)	50.00	Discharge Velocity (m/s)	14.5
Absolute Fan Power (kW)	1.23	Motor (kW V-Phase-Hz)	1.5kW 380-III-50Hz		

SOUND LEVELS   ## GRAPH

Sound Power Issued Through Drive

63 Hz	125 Hz	250 Hz	500 Hz	1000 Hz	2000 Hz	4000 Hz	8000 Hz	dBA
95	91	84	79	78	75	72	67	83

Sound Power Radiated By Fan

63 Hz	125 Hz	250 Hz	500 Hz	1000 Hz	2000 Hz	4000 Hz	8000 Hz	dBA
81	81	79	77	76	73	70	65	80

Sound Pressure Level	m	dBA
	1.5 m	68

ACCESSORIES

Circular Opening Entry

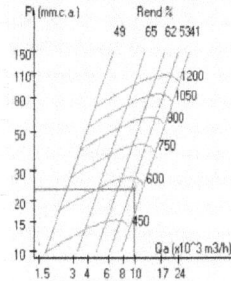

www.ingramcontent.com/pod-product-compliance
Lightning Source LLC
Chambersburg PA
CBHW021117210326
41598CB00017B/1476